KB071261

아이를 위한
하루 한 줄 인문학

◦ 유럽 문화예술 편 ◦

한 그루의 나무가 모여 푸른 숲을 이루듯이
청림의 책들은 삶을 풍요롭게 합니다.

아이의 세계와 시각을 넓혀줄 예술 문장 100

아이를 위한
하루 한 줄 인문학

유럽 문화예술 편

김종원 지음

청림Life

프롤로그

아이의 인생을 바꿀
위대한 변화가 시작되었다

 1776년 3월, 영국 버밍엄 근처의 한 탄광에서 세계 경제의 흐름을 바꿀 위대한 변화가 시작됐다. 제임스 와트가 개량한 새로운 증기기관에 시동이 걸린 것이다. 그런데 놀랍게도 인류의 역사를 바꾼 1차 산업혁명의 시발점이 된 그달에, 자본주의 사회에 막대한 영향을 줄 학문적 성과가 발표됐다. 애덤 스미스가 10년 넘게 연구한 끝에, 역작 『국부론』을 세상에 내놓은 것이다. 그렇다면, 영국은 어떻게 세계를 바꾼 극적이고도 위대한 변화를 연달아 낳을 수 있었을까? 그 비결은 바로 교육에 있었다.

 당시 유럽에서는 영국이 교육 분야의 획기적인 변화를 주도하고 있었다. 근대 시민사회의 성립 과정과 정부 구성의 원리를 제시하고 근대적 국가론의 초석이 된 대표적 고전 『리바이어선』을 쓴 토머스

홉스, 혼란스러웠던 17세기 영국 의회 민주주의의 새로운 사상적 기틀을 확립한 정치철학자 존 로크, 현대 경제학의 아버지 애덤 스미스, 18세기 중반에 상업이 발전함에 따라 공적 덕목이 무너지고 개인은 이기적 삶으로 휩쓸릴 것이라는 비관론을 주장한 도덕철학자 애덤 퍼거슨, 수필가 겸 시인이자 정치가로 영국 근대소설 발전에 커다란 영향을 끼친 조지프 애디슨 등 근대 초 유럽을 빛낸 수많은 영국의 지성이 모두 같은 목적으로 같은 곳을 향해 여행을 떠났다. 시대의 지성들을 부른 그곳에 대체 무엇이 있었을까? 그들은 과연 어떤 이유로 같은 곳을 향해 떠난 것일까?

  교육은 좀처럼 변화가 일어나지 않는 분야다. 기존의 관습이나 규칙을 바꾸는 것이 어렵기 때문이다. 하지만 변화의 필요성과 숭고한 정신이 사람들에게 받아들여진다면 이야기는 달라진다. 앞서 말한 것처럼, 1763년 영국에서 그런 일이 일어나기 시작했다. 당시 자녀 교육에 지대한 관심을 갖고 있던 재무장관 타운센드는 글래스고 대학의 도덕철학 교수에게 아들의 여행에 동행해달라고 부탁했는데, 그 교수의 이름은 놀랍게도 애덤 스미스였다. 그가 애덤 스미스에게 제시한 조건은 지금 생각해도 파격적인 수준이었다.

  "여행 경비와 별도로 교수 연봉의 두 배를 평생 연금으로 지급하겠습니다."

  18세기 영국 지도층에서는 자제들의 견문을 쌓아주고자 최고의 지성들과 함께하는 여행을 보내는 것이 유행하였는데, 이를 '그랜드 투어'라고 한다. 애덤 스미스는 그랜드 투어에서 영감을 받아 『국부론』을 집필하기 시작했고, 돌아온 후에도 대학에 복직하지 않고 자신의 집에서 연구에만 몰두하며 『국부론』을 집필하는 데 10년의 세월을 바쳤다. 그랜드 투어를 통해 얻은 영감과 깨달음이 그의 삶을 바꾸고 세계 경제에 획을 긋는 대작을 탄생하게 만든 것이다. 존 로크는 그랜드 투어의 가치에 대해 이렇게 표현했다.

"폭넓은 지식을 쌓으려면 익숙한 자극만 제공하는 기존 환경의 한계를 벗어나 새롭고 낯선 곳으로 가는 공간적 변화를 꾀해야 한다."

"내가 결혼하기 전에는 육아 방법에 대한 여섯 가지 이론을 세워놓았지만, 여섯 아이의 아빠가 된 지금은 어떤 결론도 갖고 있지 않다."

내가 매우 좋아하는 말이며, 동시에 자녀를 교육하기에 앞서 반드시 기억해야 할 글이라고 생각한다. 이 글은 17세기 영국의 천재 시인으로 널리 알려져 있는 존 윌모트가 남긴 말이다. 어떤 시대 혹은 어떤 사람에게 통하는 육아법이 내 아이와 맞지 않을 가능성은 매우 높다. 그래서 우리는 더욱 아이를 창의적인 방법으로 길러야 한다. 자신에게 맞는 길을 실시간으로 찾아야 하기 때문이다.

그래서 지난 몇 년 동안 나는 근대의 영국에서 시작돼 전 유럽에 영향을 준 '그랜드 투어'의 교육 효과를 전파할 수 있으면서 시대를 뛰어넘어 가치를 빛낼 책이 필요하다고 생각했다. 당시 귀족 자제들이 떠났던 그랜드 투어는 길게는 2년 정도의 기간에 2억 원 정도의 비용이 들어갔다. 하지만 현재를 사는 우리에게 그만한 시간과 비용을 들여 자녀를 여행 보내는 것은 매우 비현실적인 이야기다. 그래서 나는 지난 3년 동안 유럽을 중심으로 연구하며 그랜드 투어의 효과를 책으로 전할 수 있는 방법을 찾아 치열하게 사색하며 이런 결론을 냈다.

"독일 프랑크푸르트에서 아이가 스스로 무언가를 창조할 수 있는 사색의 기초를 다지고, 바이마르에서 얻을 수 있는 영감을 통해 본격적으로 사색을 삶에 장착할 수 있게 하자. 그리고 프랑스와 이탈리아의 예술과 문화를 통해 아이가 느낀 일상의 사색을 다양한 분야로 연결 및 접목할 수 있게 하자."

그리고 바로 이 책이 지난 3년간의 사색과 간절함의 결과다.

"너무 갑자기 질문하셔서요."

강연 중에 한 사람을 지목해 질문을 던지면 가장 자주 나오는 답변이다. 그럼 나는 장난 삼아 "그럼 5분 후에 질문할까요?"라고 말한다. 지금까지 아주 오랫동안 지키며 살아온 세계의 질서를 완전히 바꾼 코로나19는 우리 인간에게 "인생은 우리에게 준비할 시간을 주지 않는다."라는 교훈을 줬다. 절대 변하지 않는 법칙이라 믿고 오랫동안 지켜온 질서가 완전히 바뀌는 데는 그리 긴 시간이 걸리지 않았다. "인생은 우리에게 1년 후에 고난이 찾아가니까 준비하고 있어."라고 친절하게 귀띔해주지 않는다. 우리 아이가 살아갈 시대는 더욱 이런 현상이 심각해질 것이다. 바로 답하고 바로 움직이지 않으면, 바로 망가지고 사라진다. 시간과 희망은 우리를 기다려주지 않는다. 이제 우리의 선택지는 둘 중 하나다.

"장악하며 근사하게 주도할 것인가, 지배받으며 굴욕적인 지시에 따를 것인가."

내 아이에게 그랜드 투어의 가치를 전하는 8가지 방법

인성 위주의 교육을 받는 행복한 아이로 키우겠다고 해도, 초등학교 입학 직전 겨울이 되면 엄마들 마음은 불안해지기 시작한다.

"뭐라도 공부를 시작해야 하는 게 아닐까?"

"우리 아이만 수준 차이가 나면 어쩌지?"

교육은 정말 쉽게 단정하기 어려운 주제다. 한국의 주입식 교육과 치열한 경쟁을 부정하며 유럽의 자유로운 사고를 바탕으로 한 교육을 실천해야 한다고 주장하는 것은 매우 쉽다. 한국의 교육을 비판하고 유럽의 교육을 찬양하는 것만으로도 괜히 매우 깨어 있는 사람처럼 느껴지기도 한다. 하지만 나는 그런 방식으로 주장하는 것은 좋은 방법이 아니라고 생각한다. 핵심은 "이 나라의 교육이 최고다. 그러니 모두 이 나라의 교육을 따라 해야 한다."라는 주장이 아니기 때문이다. 오히려 그것 역시 타국의 교육을 모방하고 주입하는 것일 뿐이다.

내가 『아이를 위한 하루 한 줄 인문학』을 쓰기로 결심한 후 지난 10년 내내 반복했던 생각은 "스스로를 교육할 수 있는 사람이 되어야 한다."라는 명제다. 그게 바로 내가 전하려는 그랜드 투어의 가치다. 누군가를 부정하거나 폄훼하지 않고, 스스로 어떤 환경에 있어도 자기 삶의 주인이 될 수 있고, 어떤 분야에서 새롭게 일을 시작해도 그 일을 주도할 수 있는 사람으로 성장하게 만드는 것이 최선의 교육이라고 생각한다. 세상에 완벽한 제도는 없다. 완벽한 규칙도 문화도 없다. 중요한 것은 그런 온갖 세찬 바람 속에서도 흔들리지 않고 자신을 주장하며 살아가는 것이다.

"행복을 느껴본 사람에게서 행복을 빼앗아갈 수 없다. 사랑의 숭고함을 느껴본 사람에게서 사랑을 빼앗아갈 수 없다. 사랑과 행복을 그대가 가지지 못한 이유는 느껴본 적이 없기 때문이다. 진실로 그것을 느껴봤다면 절대 잃지 않았을 테니까."

나는 세상에서 가장 지적인 여행, 그랜드 투어에서 다음 8개의 가치를 발견할 수 있었다. 그리고 이 책의 각 파트에서 아이가 반드시 알아야 할 것들을 유럽의 문화와 예술을 곁들여 녹여냈다. 본격적으로 그 내용을 알아보기 전에 간단하게 설명하면 이렇다.

1. 강한 내면

아이의 내면을 강하게 키우고 싶다면, 부모가 먼저 강한 내면을 갖추고 있는 모습을 보여주면 된다. 강한 내면에 대한 정의도 새롭게 해야 한다. 강한 내면은 힘과 권력이 있는 사람을 말하는 것이 아니라, 혼자의 시간을 귀하게 보낼 수 있는 '내면의 근육'이 강한 사람을 말한다. 가르치는 것보다 보여주는 것이 가장 효과적인 교육임을 기억하며, 부모가 먼저 혼자의 시간을 값지게 보내는 모습을 보여주자.

2. 최고의 양식

인간이 섭취할 수 있는 최고의 양식은 결국 사랑이다. 사랑은 오직 부모만이 줄 수 있고, 아이를 가장 근사하게 키우는 최고의 양식이다. 교육과 원칙은 실패할 수 있다. 그러나 사랑은 실패하지 않는다. 아이를 간절하게 사랑하고 있다면 그 부모는 절대 실패하지 않는다. 지금은 힘들고 괴로워도, 그것 하나만 굳게 믿고 아이를 바라보자.

3. 성장의 언어

좋은 책과 강연과 수업을 아무리 많이 읽고 들어도 아이가 부모 마음만큼 성장하지 않는 이유는 무엇 때문일까? "너, 이번 시험 점수 나왔니?", "옆집 네 친구는 백 점 맞았다던데, 너는 대체 왜 그러니?" 부모가 아무리 좋은 환경을 제공해도 이런 방식의 접근은 오히려 아이의 성장을 막는다. 아이들에게 필요한 건 '평가의 언어'가 아닌 '공감의 언어'이다. 부모의 희망이 아닌, 아이가 지금 존재하는 공간에 접속해서 공감하려는 마음이 우선이다.

4. 내면의 확장

많은 부모가 아이와 함께 세계 곳곳에 가며 "이번 여행이 아이의 내면을 확장할 수 있겠지?"라는 기대를 한다. 하지만 그건 마음처럼 쉬운 일이 아니다. '지금 여기'에서 '진정한 나'를 찾지 못하는 사람은 어디에 가도 '진정한 나'를 찾지 못한다. 그저 따라다니기만 하는 여행에서는 무엇도 발견할 수 없다. 아이 내면의 확장을 원한다면 아이가 무언가를 주도할 수 있게 해야 한다. 굳이 멀리 갈 필요도 없다. 가까운 곳을 가더라도 아이가 스스로 경로를 정하고 어디에서 무엇을 할지 선택하게 하자.

5. 질문의 창조

질문은 인문학의 꽃이다. 인간은 질문한 만큼 성장하고 아름다워지기 때문이다. 그래서 질문의 본질은 자신을 소중하게 생각하는 마음에서 시작한다. 자신의 가치를 소중하게 여기는 사람만이 성장과 아름다움에 대한 욕구를 느껴 질문하는 삶을 살게 되기 때문이다. 부모가 자기 삶을 귀하게 여기며 정성을 다할 때, 아이도 그런 자세로 살게 되고 자연스럽게 아름다운 질문을 창조하는 일상의 예술가로 성장한다.

6. 더 중요한 것 발견하기

뭐든 조금이라도 더 배우며 가치 있는 것을 알아보는 안목을 키우려면 우선순위를 제대로 파악해야 한다. 아이에게 우선순위를 어떻게 정하는지 알려주려면 부모가 일상에서 더 중요한 것을 골라 중요한 순서대로 생각하고 행동하는 걸 자주 보여주는 게 좋다. 외식을 할 때도 마찬가지다. 아이가 기억하는 건 부모와 함께 간 '장소'가 아니라, 부모와 함께 있던 '순간'이다. 화려한 장소가 아니라 함께 나누는 순간이 더 중요하다는 사실을 인식하며 아이에게 다가가면 아이도 부모의 일상을 바라보며 더 가치 있고 중요한 것이 무엇이고 왜 그것을 먼저 해야 하는지 깨닫게 된다.

7. 경쟁하지 않는 삶

경쟁은 인문학의 가치와 맞지 않다. 그것은 누군가를 누르고 앞서 가는 것이기 때문이다. 경쟁하는 삶을 사는 사람들은 사는 내내 자유를 즐기지 못하고 자신이 아닌 타인을 이기려 싸워야 한다. '최고의 나'가 아닌 '유일한 나'의 삶을 시작해야 경쟁의 늪에서 벗어날 수 있다. 그 시작은 다른 방식의 삶을 찾아내는 것, '지금 여기'에서 '다른 것'을 찾아내는 노력에서 출발해야 한다. 같은 것을 봐도 거기에서 다른 것을 찾아내는 사람만이 그 출발선에 설 수 있다. 늘 바뀌지 않는 일상에서도 "에이, 사는 게 다 그렇지 뭐.", "인생 뭐 별거 없지."라는 말 대신 "오늘은 또 어떤 새로운 일이 생길까?"라는 말을 해보자. 일상에서 무언가를 재발견할 수 있게 만드는 언어를 부모가 자주 사용하면, 아이도 자연스럽게 같은 것도 새롭게 볼 힘을 갖게 된다.

8. 기준에서 벗어나기

보통 어떤 분야의 프로라면 납기를 정확하게 지킬 것이라고 생각한다. 하지만 내 생각은 조금 다르다. 오히려 아마추어는 마감을 정해 두고 일을 시작하지만, 진정한 프로는 스스로 끝났다고 생각할 때까지 멈추지 않는다. 세상이 원하는 시간에 맞춰서 자기 재능을 재단하지 않고, 자신의 것을 충분히 담았다는 생각이 들 때 결과물을 보여준다. 기준을 스스로 정하는 것이다. 이렇게 프로가 일하는 방식을 아이에게도 적용해보자. 아이가 숙제를 하거나 일기를 쓸 때 따로 시간을 정하지 않고 "네가 스스로 충분하다고 생각할 때까지 해보렴."이라고 말하면, 아이 스스로 기준을 정할 수 있게 될 것이다.

이렇게 8개의 가치를 모두 깨우치게 되면 아이는 이제 자기 인생을 살 수 있다. 자립을 시작하는 것이다. '자립'이란 자기 생각과 의지로 인생을 살아갈 때 말할 수 있는 단어다. 자립함으로써 인생을 살며, 저절로 이루어지거나 한 방에 해결되는 일은 없다는 사실을 알게 되고, 모든 것은 타인이 아닌 내가 스스로 시작하고 끝내야 한다는 것도 깨닫게 된다. 그리하여 비로소 내 삶을 '나의 것'이라고 부를 수 있게 된다. 그랜드 투어의 가치를 일상에서 실천하면서 아이들은 그렇게 자신만의 것을 하나하나 세상에 선보이게 된다. 그것이 그림이든 글이든 처음에는 부모의 눈에 어설퍼 보일 수 있다. 하지만 '내 아이만 할 수 있는 유일한 것'이 생겼다는 사실이 중요하다.

주변을 보면 제대로 된 질문은커녕 대답조차도 잘 못하는 아이들이 많다. 문제는 아이들이 가장 좋아하는 분야인 게임이나 유튜브에 대한 질문에도 제대로 답하지 못한다는 사실이다. 아이들은 왜 가장 관심 있는 분야에 대한 질문에도 바로 답하지 못할까? 표현과 단어를 조합해 하나의 문장을 제대로 창조하지 못하기 때문이다. 단순히 단어와 표현을 모르기 때문이 아니라, 창조적 시각을 갖추지 못해서 일어나는 일이기 때문에 더욱 문제다.

창조적 일상을 산다는 것은 다른 것을 바라보는 '시선의 이동'이 아니라, 같은 것을 다르게 바라볼 수 있는 '시선의 다양성'을 갖는 일이다. 창조는 몸의 이동이 아닌 시선의 이동인 셈이다. 다른 것을 보기 위해 움직일 필요가 없다는 것을 깨닫는 순간, 우리의 일상은 창조적 아이디어로 가득한 삶이 된다. 이 시점에 우리 아이들이 이 책을 통해 그랜드 투어를 떠나 유럽의 문화와 예술을 배우고 알아야 하는 이유가 바로 여기에 있다.

세상은 급격하게 변화하고 있다.
막대한 돈과 지식, 그리고 명예가
당신을 지켜줄 수 있다고 생각하면 오산이다.
그것들은 결코 우리에게 자유와 안정을 줄 수 없다.
우리가 손에 넣을 수 있는 최고의 자유와 안정은
문화와 예술에 대한 이해에서 시작한다.
영원한 것을 보라.

차 례

3부. 자기 삶의 창조자로 성장하는 아이
: 아이의 세계를 확장하는 가장 좋은 무기

4부. 틀 밖에서 자기 삶을 주도하는 아이
: 기준에서 벗어나 진짜를 발견하는 방법

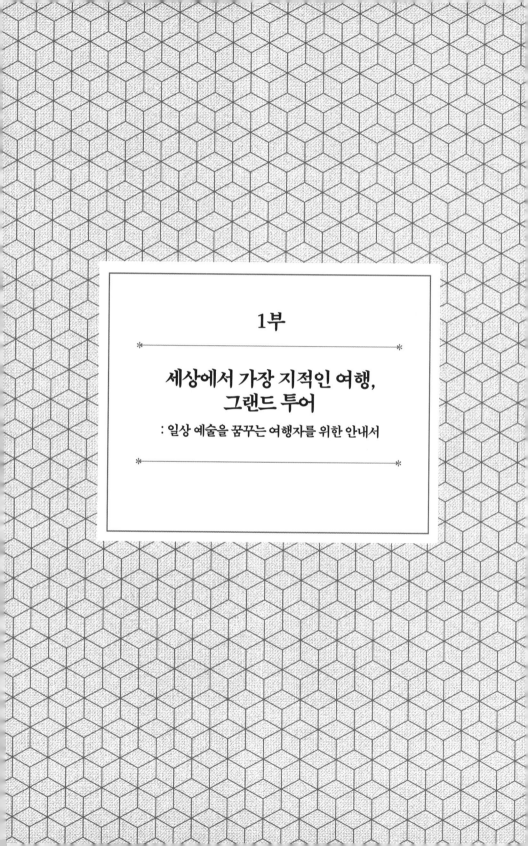

1부

세상에서 가장 지적인 여행,
그랜드 투어

: 일상 예술을 꿈꾸는 여행자를 위한 안내서

미켈란젤로가 남긴 선물

: 세상을 다르게 보는 방법

바티칸 시국 내에 있는 바티칸 미술관은 그 자체로 하나의 예술 작품이다. 벽과 천장 모두 아름다운 그림과 조각으로 가득 채워져 있기 때문이다. 특히 시스티나 성당에 그려져 있는 세계 최대의 천장화 〈천지창조〉와 벽화 〈최후의 심판〉은 이탈리아에 갔다면 꼭 감상해야 할 작품으로 꼽힌다. 그러나 그 작품을 감상하는 일보다 더 중요한 게 있다. 작품을 보면서 작가가 전달하려 했던 메시지가 무엇인지 스스로 고민하고 발견하려 노력하는 것이다. 작품에서 무엇을 발견해야 하는지도 모른 채 그저 바라보기만 한다면, 아무리 근사한 예술 작품을 감상해도 내면의 깊이와 내공이 쌓이지 않는다.

1508년 미켈란젤로는 교황 율리우스 2세의 주문으로 시스티나 성당 천장에 〈천지창조〉를 그리기 시작했다. 그는 천지창조에서 시작해 인간의 타락과 노아의 방주 이야기를 비롯한 창세기 속 아홉 장면을 33개 부분으로 구성해 생생하게 묘사했다. 하지만 그림만 보아서는 눈치채기 어려운 사실이 하나 있다. 그가 20미터 높이의 천장에서 길이 40미터에 폭 13미터가 넘는 천장화를 그리기 위해 4년 8개월 동안 하루 18시간씩 불편하게 누운 상태로 계속 붓질을 했다는 점이다. 그야말로 기적에 가까운 작업이다. 지금 아이에게 물어보라. "너도 그런 자세로 오랜 시간 그림을 그릴 수 있겠니?" 쉽지 않다. 그 자세로 게임을 하라고 해도, 10시간만 지나면 당장 뛰쳐나올 것이다. 하지만 그는 4년 8개월이나 누워서 색칠을 반복했다. 그것도 바람이 샐 틈조차 없을 만큼 매우 정교하게 말이다. 게다가, 그 불편한 공간에서 오랜 시간 견디는 것만으로 해결되지 않는 문제가 있었다. 공중에서 누운 상태로 천장에 그림을 그리니, 아무리 조심해도 안료가 얼굴에 자꾸만 떨어질 수밖에 없었다. 그의 눈도 안료를 피할 수 없었고, 37살의 나이로 작업을 마쳤을 때 그는 한쪽 눈을 잃었고 척추도 비틀어진 상태였다. 그는 천재이기도 하지만, 인간이 도저히 창조할 수 없을 것이라 여겨진 일에 도전해 상상 이상의 성과를 내며, 자신을 향해 쏟아지는 불가능이라는 화살을 다시 세상에 돌려준 사람이기도 했다.

오른쪽 두 사진의 차이는 무엇일까? 예술 작품을 감상할 때 화려한 그림뿐 아니라 그 그림을 그린 사람의 화려한 정신을 볼 수 있다면 차이를 알아챌 수 있고, 그림을 제대로 감상할 안목을 가질 수 있다. 예술에 대한 안목은 예술 작품을 볼 때만이 아니라, 일상에서 자연이나 풍

경을 볼 때도 영향을 미친다.

바티칸 미술관의 '지도의 방'을 찾았을 때, 대부분의 관광객은 120 미터가 넘는 금빛 천장화를 경이로운 시선으로 그저 바라보고 있었다. 저마다 천장화의 시작부터 끝까지 전부 카메라 렌즈에 담아보려 했지만, 방이 너무 길어서 사진 한 장에는 도저히 담을 수 없었다. 방법이 없을까? 아이와 함께 대화를 나눠보자. 아이는 어떤 방법을 찾아낼 수 있을까? 답은 이 천장화를 그린 방법에 있다. 아이에게 아래와 같은 질문을 던지면서 천장화를 비롯해 자연과 풍경을 감상하는 본질에 다가가자.

"저 높은 곳에서 어떻게 그림을 그릴 수 있었을까?"

이때 아이들은 미켈란젤로가 거의 누워서 그림을 그렸다는 앞의 내용을 기억해서 대답할 것이다. 그럼 이렇게 하나 더 묻자.

"우리는 어떤 방법으로 저 예술 작품을 감상해야 하는 걸까?"

가장 근사한 답은 "그들이 누워서 그림을 그렸던 것처럼 누워서 그림을 감상한다."이다. 그들이 그림을 그린 방식대로 감상을 해야 비로소 무엇을 그리기 위해 그런 노력을 했는지 감을 잡을 수 있다. 내가 이렇게 '지도의 방'에 길게 뻗은 천장화를 사진 한 장에 모두 담을 수 있었던 것도 거의 누워서 찍었기 때문이다.

이렇게 같은 대상을 두고서도 바라보는 방법과 시선에 따라 전혀 다른 면모를 발견할 수 있다. 새로운 것을 찾기 위해 굳이 멀리 이동할 필요는 없다. 답은 언제나 우리 곁에 있다는 사실을 기억하자. 단순히 시선을 다른 높이에서 맞추는 것으로도 우리는 아이의 시각을 완전히 새롭게 만들 수 있다. 이전보다 몇 단계 수준 높은 시선으로 세상을 바라보게 되는 셈이다. 어떤 사물을 볼 때마다, 그 근원을 밝힐 질문을 던져 조금 더 내밀한 관찰을 할 수 있게 하자. 관찰하는 법을 깨우친 아이는 관찰할 줄 모르는 아이보다 모든 면에서 상대가 되지 않을 정도로 크게 앞서가는 삶을 살게 될 것이다.

단순히 시선을 다른 높이에서 맞추는 것으로도 우리는 아이의 시각을 완전히 새롭게 만들 수 있다. 이전보다 몇 단계 수준 높은 시선으로 세상을 바라보게 되는 셈이다.

유럽의 거리에서 인문학을 발견하다

: 경쟁하지 않고 자기 길을 걷는 사람들

"우리는 왜 공평을 외치는가?"

그 이유는 우리가 늘 경쟁하고 있기 때문이다. 다수가 하나의 길로만 죽을 각오로 뛰어야 하기 때문에 앞에서 뛰어가는 사람을 경쟁자라 부르며, 그에게는 있지만 내게는 없는 것을 찾아 "우리는 공평하지 않아요."라고 외치며 불평한다. 물론 여기에서 말하는 것은 공평이지 공정이 아님을 기억하자. 사회의 시스템이나 사람을 대하는 태도는 분명 공정해야 한다.

나는 다소 어렵게 느껴지는 공정과 공평, 그리고 경쟁에 대해서 이해하는 데 도움이 될 만한 사진을 독일 바이마르에 있는 호텔 근처와 파리 시내 골목에서 몇 장 찍을 수 있었다.

내가 본 유럽의 길은 모두 다른 모습을 하고 있었다. 한국에서는 보도블록이 손상되면 여러 명이 일제히 기존의 보도블록을 떼어내고 모양과 디자인이 똑같은 보도블록을 진열하듯 빈자리에 채운다. 크기마저 같아서 마치 모두가 "앞으로 나란히!"를 외치며 서 있는 것처럼 보인다.

독일 바이마르의 한 언덕에서 찍은 앞의 사진을 아이들에게 보여주면 어떤 반응을 보일까? 이런 길바닥을 처음 본 아이들은 색다른 감정을 느끼며 당신에게 이런 질문을 던질 수도 있다. "여기는 왜 바닥에 깔아놓은 돌의 크기가 제각각인가요? 색도 크기도 모양도 다 달라요." 이에 대한 답은 바이마르의 한 호텔에서 만난 작업자가 전해주었다.

나는 오전에 호텔을 나오자마자 그의 작업 도구와 일하는 자세를 보며 정말 깜짝 놀랐다. "세상에 이런 방식으로 보도블록을 까는 사람이 있다니. 그래서 여기의 길은 모두 달랐구나." 그는 한국의 작업자들처럼 넓은 지역을 책임지지 않았다. 나는 가까이 다가가 양해를 구하고 그의 작업 방식을 관찰했다.

그는 한국과 전혀 다른 방법으로 보도블록을 깔았다. 그의 곁에는 크기와 모양과 색이 제각각인 돌이 망치와 함께 바구니에 담겨 있었다. 한국 사람들은 주로 보도블록에 땅을 맞추는 식의 작업을 해왔다. 하지만 그의 작업 방식은 달랐다. 크기가

맞지 않는 돌을 망치로 부수고 다듬어 하나하나 빈자리에 깔았다. 땅을 돌에 맞추는 게 아니라 돌을 땅에 맞췄다. 그런 방식은 시간도 매우 오래 걸렸다. 보도블록을 하나라도 더 깔아야 더 많은 돈을 벌 수 있는 그의 처지에서 그런 작업 방식을 고수하는 것은 쉬운 선택이 아니었으리라. "왜 굳이 힘든 방식을 선택하셨죠?" 내가 묻자 그는 너무나 당연하다는 표정으로 이렇게 답했다. "이건 힘든 방식이 아니라, '나의 방식'입니다."

그렇게 살지 않고는 할 수 없을 근사한 말이었다. 유럽 사람들은 바닥에 깔려 있는 돌처럼 서로 모두 다르기 때문에 경쟁할 필요가 없고, 각자 자기 자리에 존재하는 것만으로 서로 협력하며 하나로 빛날 수 있다. 거기에서 비로소 공정의 씨앗이 움트는 것이다. 경쟁하지 않고 자기 길을 웃으며 가는 사람은 모두가 가는 길이 아니라 자신만 갈 수 있는 길을 찾아낼 수 있다.

부모가 자신의 욕망을 자제할수록 아이는 스스로 하는 일에 자신감을 갖고 자신만의 길을 향해 나아간다. 아이 마음속에 "이걸 시작하면 부모님이 핀잔을 주는 게 아닐까?"라는 물음표가 가득해지면 느낌표 가득한 도전을 시작하기 힘들다. 시작하는 데 써야 할 에너지를 온통 부모님의 눈치를 보는 데 다 소모하기 때문이다. 부모가 간섭하려는 마음을 스스로 제어하는 것은, 아이가 자신이 스스로 선택한 일에 투자할 힘을 아껴주는 것과 같다. 아이에게 힘을 주는 사람이 되려 하지 말고, 아이의 힘을 뺏지 않는 사람이 되겠다는 자세로 바라보자. 아이에게는 이미 모든 것이 충분하니까.

밑그림이 중요한 이유

: 무언가를 시작할 때 버려야 할 4개의 언어

아이가 자신의 세계를 키워내려면 결국 수많은 일을 시작해야 한
다. 뭐든 시작해야 결과를 낼 수 있기 때문이다. 그러나 어떤 시작도 쉬
운 것은 없다. 기대와 현실이 서로를 괴롭히기 때문이다. 그리고 그 갈
등의 중심에 언어가 있다. 성장과 행복을 추구하며 사는 사람은 언어
를 섬세하게 사용하며, 보고 들은 모든 것을 절대 편파적으로 평가하
지 않는다. 그러나 반대로 세상에는 늘 뭔가를 열심히 하는 것처럼 보
이지만, 자세히 들여다보면 아무것도 이루어내지 못한 사람들이 있다.
언어를 어떤 방식으로 사용하느냐에 따라 우리는 전혀 다른 결과를
만나게 된다.

초등학교 고학년이 되면 로댕의 〈생각하는 사람〉을 한 번쯤 접하
게 된다. 뒤에서 충분히 설명하겠지만, 사실 이 작품은 로댕의 대표작

이 아니었다. 본래는 〈지옥의 문〉이라는 거대한 연작의 일부였다. 이
탈리아 시인 단테의 『신곡』에서 영향을 받아 제작한 〈지옥의 문〉은,
지옥으로 향하는 괴로운 감정으로 가득한 여러 인물상이 곳곳에 조각
돼 있다. 로댕은 여기에 이들의 죄를 판단하는 신이 아니라 고통을 겪
는 사람들을 바라보며 생각에 잠긴 사람의 조각상을 〈지옥의 문〉 중앙
위쪽에 설치했다. 그 조각상의 이름이 바로 〈생각하는 사람〉이며, 그
주인공이 고뇌하는 시인 단테다.

　아이에게 〈지옥의 문〉 사진을 충분히 보여주자. 그리고 "무엇이 느
껴지니?"라고 묻자. 사실 사진만 봐서는 별 감흥을 느끼지 못할 가능
성이 높다. 하지만 문 상단에 있는 작은 조각의 부분을 손가락으로 가
리키며 "이게 바로 〈생각하는 사람〉이야."라고 알려주면 아이의 머릿

속에는 갑자기 많은 생각이 오갈 것이다. 그리고 이 거대한 조각상 중에서 〈생각하는 사람〉으로 시선을 옮겨 그것만 관찰하고 난 뒤에, 이런 질문을 던질 것이다.

"왜 문 위에 있던 조각상이 따로 분리가 되어서 나온 건가요?"

1880년, 프랑스 정부는 로댕에게 이런 주문을 한다.

"새로 건립할 장식 미술관의 정문 조각을 제작해주기 바랍니다."

그 주문을 받아서 만든 조각이 바로 〈지옥의 문〉이다. 주문 직후 곧바로 모델을 만들기 시작한 로댕은 4년 만에 청동 주물을 준비할 정도로 작업의 진척이 빨랐고, 완성을 눈앞에 두고 있었다. 그러나 1885년, 안타깝게도 미술관 건립 계획이 취소되었다. 그럼에도 로댕은 조각을 멈추지 않았다. 이미 그에게 돈은 작업의 목적이 아니었기 때문이다. 그는 그 후로도 4년이 넘도록 작품을 거듭 수정했고, 마침내 1900년에 석고로 만든 조각을 처음 대중에 공개했다.

그러나 이런 역사적인 사실은 중요하지 않다. 20년의 기간 동안 로댕이 과연 어떤 생각으로 작품을 완성했을지 아이가 생각해보게 하자. 아이에게 주고 싶은 삶의 가르침과 이 역사적 사실을 연결할 수 있다면 최고의 교육이라 할 수 있다. 모든 사람이 주인공 역할만 할 수는 없다. 누군가는 조연을 맡아야 하고, 누군가는 엑스트라를 해야 연극 무대를 채울 수 있다. 하지만 세상이라는 연극에는 언제나 잠시 스쳐가는 엑스트라 역할을 하면서도 자신의 가치를 알아볼 수밖에 없도록 빛을 발산하는 사람이 있다. 그들은 마치 "이 무대의 주인공은 바로 나야."라고 온몸으로 외치고 있는 것처럼 보인다.

그렇다. 세상이 내게 주인공 역할을 시켜주지 않는다고 주저앉아 엑스트라에 만족하고 있을 이유는 없다. 무엇을 하든 "내가 주연이다."라는 생각을 품고 넓은 마음으로 시작하면 주변에서 지켜보는 사람들이 그 노력을 알아보지 못할 리 없다. 로댕이 그랬다. 그는 언제나 세상과 권력자가 요구하는 지시를 거부한 채 자신이 지향하는 예술을 추구했다.

〈지옥의 문〉도 마찬가지였다. 그는 사실 문 위쪽에 작게 조각한 〈생각하는 사람〉을 주역으로 생각하고 가장 많은 공을 들여 완성했다. 〈생각하는 사람〉 조각상을 유심히 관찰해본 사람은 알고 있겠지만, 얼굴 자체가 너무나 아래를 향하고 있어서 조각상 전체가 마치 땅으로 빨려 들어갈 것 같은 기분이 드는 게 사실이다. 이유가 뭘까? 그 질문 자체에 답이 있다. 바로 인간의 처절한 최후를 내려다보는 시인 '단테'의 모습을 형상화했기 때문이다. 그렇게 1900년, 〈생각하는 사람〉은 〈지옥의 문〉에서 떨어져 나와 로댕에 의해 실물 크기보다 더 크게 제작되었고, 이후 그의 대표작이 되었다.

이쯤에서 우리는 아이들에게 이렇게 말할 수 있다.

"모든 사람은 자신의 노력 여부에 따라 어느 자리에 있든 주인공이 될 수 있다."

세상이 정해준 자신의 배역이 작다고 불평할 필요는 없다. 자신이 주인공인 것처럼 능력을 발휘하면, 아무도 관심을 주지 않는 자리에 있어도 세상은 반드시 그를 알아보고 세상의 중심에 서게 한다.

로댕이라고 해서 시작부터 완벽했던 것은 아니다. 누구도 모든 상황을 제어할 수는 없는 법이기 때문이다. 그러나 시작한 후에 일어나는 모든 과정과 변수는 스스로 제어할 수 있다. "나는 왜 늘 제자리일까?"라고 자문하지만, 쳇바퀴에서 빠져나올 방법을 찾지 못한 채 맴돌듯 사는 사람들에게서, 나는 무언가를 시작할 때 반드시 버려야 할 4개의 언어를 공통적으로 발견할 수 있었다. 로댕이 자신의 예술을 완벽하게 다듬어낼 수 있었던 이유도 그 4개의 언어를 버렸기 때문이었다. 그는 불가능, 불신, 불확실, 비난 등의 언어를 사는 동안 거의 입에 올리지 않았다.

아이의 세계를 확장하려면, 아이가 사용하는 언어가 성장을 지향하고 있어야 한다. 그 점을 기억하며 아이의 언어를 올바르게 이끌어주려면, 부모가 먼저 일상에서 올바른 언어를 구사해야 한다는 사실도 잊지 말자.

1. 불가능의 언어

사람은 감정의 동물이다. 아무리 굳은 의지를 갖고 있어도 태도와 표현이 부정적이면 감정이 흔들린다. 대화할 때를 생각해보자. 사람들은 당신이 전하려는 것이 무엇이든, 전달하는 의미보다 전달되는 느낌이 맘에 들지 않을 때 당신의 의견에 반박하며 돌아선다. 말하는 태도와 표현이 매우 중요하다. "내가 할 수 있을까?"라고 생각하는 사람은 영원히 할 수 없다. 무언가를 하기 위해서는 능력도 필요하지만, 할 수 있다는 자신감과 자신에게 부여한 확신이 무엇보다 중요하다. 세상이 말하는 불가능은 나의 불가능이 아님을 기억하자.

"나의 가능성은 내가 결정한다."

2. 자기 불신의 언어

세상에서 가장 가련한 사람은 능력이 없는 사람이 아니라 자신의 능력을 의심하는 사람이다. 늘 불안한 눈빛으로 "나는 할 수 없어."라는 말만 하고 산다면 앞으로 무엇을 배워도 실천할 수 없게 될 것이다. 자기 자신을 인정해야 무슨 일이든 시작할 수 있다. "내게 자격이 있을까?"라는 말은 무언가를 시작한 사람에게는 저주의 언어다. 영원히 출발할 수 없게 만들기 때문이다. 자격은 시작할 때 주어지는 게 아니라, 시작한 후 노력하는 과정을 통해 얻어야 하는 것임을 기억하자. 누구의 인정도 기다리지 말자. 언제나 내가 나를 인정하고 시작하는 것이다. 시작할 수 있다면 뭐든 이룰 수 있다.

"내가 나를 인정하면 모든 일이 쉽다."

3. 불확실의 언어

어떤 무리 안에서든, 누군가 자기 의견을 말하면 꼭 이렇게 응수하는 사람이 있다. "다 그런 건 아니잖아?" 그 저주와 같은 말은, 우리를 아무 생각도 할 수 없게 만든다. 세상에 100% 맞는 말과 생각은 없다. 그런 방식으로 접근하면 할 수 있는 게 하나도 없다. 나는 길에 놓인 작은 돌을 주제로 100개가 넘는 글을 쓸 수 있다. 내가 발견한 100개의 길이 중요하지, 누군가 반박한 1개의 비난은 전혀 중요하지 않다. 자신의 가능성을 믿자. 세상이 정한 기준에 얽매이면 조금도 움직일 수 없다. "다 그런 건 아니잖아?"라며 딴지를 거는 사람들을 보면, 정작 자신은 하나도 이룬 게 없다는 사실을 발견할 수 있다. 희망과 가능성을 바라보며 움직이자.

"내게는 내가 바라보는 세상이 전부다."

4. 미움의 언어

아이든 어른이든, 살다 보면 자신을 비난하고 미워하는 사람을 만나게 된다. 그럴 때는 "미움은 미워하는 자의 몫이다."라고 생각하며 빠르게 지나가는 게 좋다. 누군가를 미워하는 자는 자신의 생각을 바꿀 수도 없고, 시간이 지나도 그런 태도를 바꾸지 않는다. 그러므로 우리는 타인과 경쟁하며 미워하고 고통받을 필요가 없다. "내가 만든 것이 저 사람이 만든 것보다 좋은가?"라는 말은 스스로를 경쟁의 늪에 빠지게 하는 최악의 언어다. '저 사람'은 그를 미워하는 마음에서 나온 표현이고, '좋은가?'라는 물음은 이기고 싶은 욕심에서 나온 표현이기 때문이다. 미움과 욕심을 품게 되면, 설령 지금 당장은 상대를 이기더라도 평생 승부를 반복하는 치열한 경쟁의 삶을 살아야 한다. "저 사람이 만든 것보다 좋은가?"라는 질문이 아니라, "내가 만든 건 세상에 존재하는 것과 무엇이 다른가?"라는 질문을 스스로에게 던져야 한다. 달라야 공존하며 상생할 수 있다.

"경쟁하며 사는 치열함이 아닌, 공존하며 사는 희열을 추구하자."

로댕처럼, 생각하는 사람처럼

: 부모가 생각하는 만큼 아이는 성장한다

로댕 미술관에 방문했던 기억이 내게 매우 중요한 이유는, 그저 로댕의 위대함을 느꼈기 때문만이 아니다. 로댕 미술관은 생각보다는 넓지만, 한국에 있는 대형 미술관에 비하면 비교되지 않을 정도로 좁다. 그러나 나는 여기에서 바로 이 사진의 주인공을 만났고, 한국에서는 한 번도 볼 수 없었던 거대한 창조의 눈빛을 봤다.

유럽의 어느 장소를 가도 마찬가지이지만, 유럽 사람들에게 감상과 관찰은 그저 귀로 듣고 눈으로 보는 데 그치는 행위가 아니다. 직접 연주하고, 직접 그려봐야 비로소 감상과 관찰을 마쳤다고 생각한다. 이 학생도 마찬가지였다. 나는 그에게 얼마나 오랫동안 로댕의 조각을 그리고 있었느냐고 물었고, 1시간이 지났다는 그의 말에 놀라지 않을 수 없었다. 그는 1시간 내내 보는 방향을 계속 바꾸며 로댕의 조각

을 그렸고, 이를 통해 자신이 보고 있는 대상을 온전히 흡수할 수 있었다.

편안한 의자에 앉아서 흥미로운 게임을 1시간 하는 것은 어려운 일이 아니다. 지금도 어딘가에서 수많은 아이가 그렇게 하고 있다. 그러나 창조와 변화는 언제나 소수만이 실천한다. 하기 힘든 것은 하면 좋은 것이고, 하기 쉬운 것은 해도 별 소용 없는 것일 가능성이 높다. 단순히 혼자 1시간 동안 그림을 그렸다고 해서 대단하다고 말하는 것이 아니다. 그 학생의 1시간에는 수많은 예술의 대가가 실천한 교육 철학이 녹아 있다. 이를테면 그는 그림을 그리는 동안 자신에게 수없이 많은 질문을 하고 있다. 그것이 왜 중요할까?

세상은 아이들에게 자주 질문하라고 말하지만, 가끔은 질문하지 않고 보내는 시간도 필요하다. 누군가에게 무언가를 질문하면 우리는 그의 생각을 바로 알 수 있지만, 바로 알 수 있어서 더는 생각하지 않게 된다. 이것은 매우 중요한 부분이다. 타인에게 던지는 질문은 나의 풀리지 않는 삶을 해결해줄 만병통치약이 아니다. 질문하고 싶은 마음을 참으면 우리는 상대의 생각을 상상하고 짐작하게 된다. 그 짐작이 틀릴 수도 있지만, 중요한 것은 무언가 하나에 대해 상상했다는 사실이다. 질문하지 않고 혼자 생각에 빠진 아이를 나무라지 말자. 아이는 조용히 자신의 생각을 단련하고 있는 거니까. 아이의 일상 속 아무리 사소한 것이라도 모두 큰 의미가 있다. 부모는 아이의 말과 행동에서 의미를 발견하는 사람이다. 그래서 부모의 생각이 아이의 가능성이다. 부모가 생각하는 만큼 아이는 성장한다.

교육은 왜 어려울까? 대가의 조언을 그대로 전하면 되는 것처럼 보이는데 말이다. 바로 그게 문제다. 무엇이든 있는 그대로 아이에게 전하는 건 매우 어렵다. 나는 내가 생각한 것을 그대로 글로 옮기는 데 무려 20년이 걸렸다. 생각을 글로 정리하고 그것을 다시 누군가에게 그대로 교육하는 것은 매우 복잡한 일이다. 그래서 부모에게는 쓰기 능력과 말하기 능력이 모두 필요하다. 본 것 그대로를 글과 말로 전하는 힘만 있다면 자녀 교육을 지금보다 쉽게 좋은 방향으로 완성할 수 있다. 이 책을 통해 그 힘의 중요성과 힘을 기르는 자세한 방법을 배울 수 있을 것이다. 하지만 그 전에 먼저, 모든 부모의 마음속은 아이를 향한 사랑으로 충분히 뜨겁지만, '세상과 주변 사람이 하는 소리에 휘말려 엉뚱한 곳으로 흘러가기 쉽다'라는 점을 주의해야 한다. 늘 최선을 다해 노력하더라도 애초에 자신이 원했던 목표에 도달하지 못하는 사람이 많다. 그대가 세상과 주변 사람이 내는 작은 바람에 여기저기로 떠밀려 방황하는 이유는, 자신을 꽉 붙잡고 최종 목표에 집중하도록 도와줄 교양이 부족하기 때문이다.

괴테는 "가르치는 사람에게 모두 스승으로 불릴 자격이 있는 것은 아니다."라고 말하며, 일이나 사물의 본질을 알지 못하는 사람은 누군가를 제대로 가르칠 수 없다고 강조했다. 아이에게 무언가를 가르칠 때도 마찬가지다.

> 부모가 가르치려는 대상을 먼저 확실하게 장악해야
> 아이와 세심하게 대화를 나누면서
> 어떤 장소에 가야 원하는 것을 보여줄 수 있는지 알게 되고,
> 거기에서 느낀 흥미로운 부분에 대해서 서로 생각을 나눌 수 있다.

이 과정을 통해 아이는 자신의 재능을 발견하게 되고, 사물을 바라보는 눈과 자연을 대하는 태도 등 어지러운 세상을 근사하게 살아가기 위해 반드시 필요한 여러 장점을 깨울 수 있다. 어렵게 느껴질 수도 있지만, 부모라면 누구나 할 수 있다. 사랑은 모든 것을 가능하게 만들기 때문이다. 그래서 무언가를 시작할 때는 희망의 언어가 필요하다.

세상에는 두 부류의 사람이 있다. 자신의 시작을 방해하는 언어를 사용하는 사람과, 자신의 시작을 응원하며 격려하는 사람. 전자의 부류는 시작부터 고통을 받는다. 그래서 결국 오래가지 못하고 멈춘다. 아이를 바라볼 때 늘 기억하자. 모든 결과의 중심에는 언어가 있다.

"될 수 있다.", "할 수 있다."라고 말하면 정말로 이루어진다. 사랑하는 연인을 바라보듯 언어를 섬세하게 다루자. 부모의 언어는 아이의 삶에 촘촘히 박혀, 아이의 내일을 빛나게 만드는 일상의 기적을 창조하니까.

질문하지 않고 혼자 생각에 빠진 아이

를 나무라지 말자. 아이는 조용히 자신

의 생각을 단련하고 있는 거니까.

부모는 아이의 말과 행동에서 의미를

발견하는 사람이다.

창의적인 생각을 키우는 최소한의 공간

: 변화는 가장 사소한 곳에서 시작된다

유럽 엘리베이터에는 한국에서 가장 자주 사용하는 버튼 하나가 없다. 아이와 함께 찾아보라. 이때 중요한 건 아이가 충분히 생각하고 자기 생각을 말할 때까지 부모가 기다려주는 것이다. 부모는 추임새 정도만 하며 아이의 생각을 자극하는 데 힘을 쏟는 게 좋다.

유럽의 엘리베이터가 다 그런 것은 아니지만, 내가 탔던 거의 모든 엘리베이터에 '닫기' 버튼이 없었다. 한국에서는 도저히 상상도 할 수 없지만, 유럽에서는 흔한 풍경이었다. 이제 아이와 함께 '닫기' 버튼이 없는 이유에 대해서 생각해보자. 질문으로 시작하면 더 좋다. "왜 엘리베이터에 닫기 버튼이 없을까?"

엘리베이터에 타면 반사적으로 '닫기' 버튼을 반복해서 누르는 게 일상이 된 한국 사람에게 이런 질문은 참 답하기 어려운 문제다. 나는

'닫기' 버튼이 없는 엘리베이터에서 이런 깨달음을 얻었다. "이곳 사람들에게는 서두르지 않고 문이 저절로 닫힐 때까지 기다리는 여유가 있구나." 그럼 다시 이렇게 질문할 수 있다. "기다릴 수 있는 여유는 이들에게 무엇을 주었을까?"

같은 장소에서 아무것도 하지 않고, 혼자 있는 시간을 가장 오랫동안 즐길 수 있는 사람이야말로 가장 강한 사람이라고 생각한다. 이곳 사람들은 서둘러 닫기 버튼을 누르지 않고, 문이 저절로 닫힐 때까지 기다릴 수 있는 여유가 있으며, 혼자 있는 시간을 즐길 기회를 자기 자신에게 선물한 것이다. 유럽에서 최고의 철학자와 사상가, 예술가가 많이 배출된 것도 이와 무관하진 않을 것이다. 언제나 가장 위대한 변화는 가장 사소한 곳에서 시작한다.

'창의적인 사람'이란 무엇을 말하는 걸까? 그들의 공통된 특징이 무엇인지 알 수 있다면, '창의적'이라는 것의 의미도 저절로 짐작할 수 있다. 창의적인 사람의 최대 특징은 솔직하다는 것이다. 다시 말해 자신에게 능력이 있다는 것을 인지하고 있다는 뜻이다. 솔직한 사람은 예측하기 어렵다. 자신의 기분에 따라 늘 달라지기 때문이다. 중요한 것은 그가 상대의 지위나 돈에 따라 달라지지는 않는다는 사실이다. 그게 바로 자신의 능력을 인지하고 있는 자의 특징이다. 그는 자신의 능력을 믿기 때문에 외부 요인에 끌려다니지 않으며, 오직 솔직한 자신의 감정과 시선의 변화에 따라 움직일 뿐이다. 세상에 순응하지 않음으로써 그는 창조적인 일상을 살아갈 수 있다. 내면의 확장으로 자기 삶을 주도하는 사람은 가장 솔직한 삶에 접근했다고 할 수 있으며, 그럼으로써 가장 창의적인 일상을 살 수 있다.

어떻게 하면 우리 아이에게 스스로 주도하는 일상을 선물할 수 있을까? 먼저 아이가 일상의 예술을 위한 최소한의 고독과 혼자만의 공간을 누릴 수 있도록 도와야 한다. 우리는 마치 그물망 속의 양파처럼 서로 맞닿은 채로 살고 있다. 위로 쌓이고 옆으로 맞닿아 있는 공간에서 양파는 결국 짓물러 조금씩 상한다. 양파만 그런 것은 아니다. 같은 공간에서 비슷한 것을 추구하며 살아가는 사람들도 마찬가지로, 매일 서로 맞닿는 부분이 썩어간다. 서로 자신을 보호하고 자신의 재능을 오랫동안 세상에 보여주려면 생각이 상하지 않게 서로 일정한 간격으로 떨어져 있어야 한다.

아이도 마찬가지다. 모든 아이를 구분해서 그들만의 생각과 그들이 추구하는 삶의 태도를 자극하고 발전시켜야 흔들리지 않고 성장할 수 있다. 아이가 그런 일상을 살 수 있게 하려면 부모의 역할이 중요하다. 차분하게 홀로 때를 기다리는 아이, 서두르지 않고 공간의 주인이 되어 생각할 줄 아는 아이들이 모두 기다릴 줄 아는 여유를 타고난 것은 아니다. 자신을 믿어주는 부모의 마음을 느끼면서 자랐기 때문에 자신 있게 그런 일상을 보낼 수 있는 것이다. 그리고 그 모든 것은 부모가 아이를 바라보는 눈빛에서 시작한다. 믿음은 눈에서 가장 먼저 느껴지는 것이기 때문이다. 부모의 싸늘한 눈빛은 혹독한 환경이나 모진 언어에 노출되는 것보다 아이에게 더 나쁜 영향을 주기도 한다. 눈빛에도 마음과 숨결이 담겨 있기 때문이다.

"엄마 때문에 내가 이렇게 됐잖아."

"책임져, 모두 너 때문이니까."

어떤 일을 하든 자신의 잘못은 생각도 하지 않고 모든 것을 세상과 상대의 잘못으로 떠넘기며 원망하는 사람이 있다. 이들의 공통점은 어릴 때부터 모든 잘못을 다른 곳에 돌리며 사람과 세상을 향한 원망만 키웠다는 것이다. 다른 사람이나 상황을 탓하는 아이가 아니라 스스로 저지른 일에 책임지며 사랑이 가득한 아이로 키우고 싶다면, 아주 간단한 두 가지 방법을 따르면 된다. 하나는 듣기만 해도 아름다운 말을 자주 들려주는 것이다. 다른 하나는 그 아름다운 말을 마치 사랑하는 연인과 입을 맞추는 것처럼, 허리를 숙이고 눈을 맞추며 책을 읽어주듯 차분하게 전하는 것이다. 모든 교육은 입이 아닌 눈에서 먼저 시작한다. 말하려는 것이 눈으로 먼저 보이기 때문이다.

부모의 차분하고 고요한 눈은 아이 정서에 좋은 영향을 준다. 아이가 반항하고 매사에 부정적이라면, 일상에서 사람들이 서로 비난하며 싸우는 모습을 자주 봤을 가능성이 높다. 아름다운 것을 자주 보며 자란 아이는 결코 아름다운 틀에서 벗어나지 않는다. 눈을 맞추고 고요한 음성으로 좋은 이야기를 들려주는 것보다 아이 정서에 좋은 영향을 주는 방법은 없다. 감정이 너무 쉽게 바뀌고 충동적으로 행동하는 아이도, 세상과 타인과의 관계에서 공감대를 형성하지 못하는 아이도, 모두 눈을 맞추며 이야기를 하면서 서서히 나아지게 만들 수 있다.

모든 아이에게는 차분하게 세상을 바라보며 자신이 목표로 정한 일을 어떤 변명도 하지 않고 이루어낼 힘이 있다. 그 모든 힘의 원천은 부모의 말과 눈에서 나온다. 내 아이에게 지금 당장 빠르게 줄 수 있는 최고의 재산은 바로 사랑을 전하는 눈빛이다.

스스로 시작하고 끝내는 근사한 아이들

: 아이 삶의 태도를 바꾸는 부모의 눈맞춤

유럽의 거리에는 온갖 다양한 악기를 연주하는 거리의 예술가들이 많다. 더욱 특별한 점은 악기의 크기나 가격과 상관없이 음악을 들려주는 연주자의 태도와 아름다운 멜로디에 흠뻑 빠져 감상하는 사람이 매우 많다는 사실이다. 내가 이 사진을 찍은 이유는 음악도 훌륭했지만, 음악가를 향한 어린아이들의 행동이 참 멋져 보였기 때문이다. 5살과 7살의 어린아이였는데, 이들은 부모에게 명령이나 돈을 받아 연주자에게 전해준 것이 아니었다. 스스로 자신의 주머니에 있던 돈을 꺼내 마음을 담아 좋은 음악을 감상한 대가를 실천한 것이다.

아이에게 한번 물어보자. "이 아이들의 행동에 대해서 어떻게 생각하니?" 이때 꼭 명심해야 할 부분은 "너라면 이 아이들처럼 좋은 음악을 들은 대가를 줄 수 있겠니?"처럼 경쟁심을 유발하는 질문을 던지지 말아야 한다는 점이다. 단지 아이의 생각을 자극하는 데만 집중하자. 그렇게 아이의 생각을 자극하면 부모의 예상과는 전혀 다르게 근사한 대답을 할 가능성이 높다.

"좋은 음악을 들었다면 거기에 맞는 대가를 주는 것도 필요할 것 같아요."

"저 많은 사람 앞에 나가서 마음을 표현하는 아이들이 멋지네요."

이렇게 생각을 자극하면 아이는 스스로 주변 상황을 대하는 자신의 태도를 긍정적으로 바꿀 수 있다. 사진 속 아이들의 행동이 근사한 이유는, 스스로 자신이 생각한 것을 그대로 실행에 옮겼기 때문이다. 그 과정에서 아이들은 누구의 간섭도 받지 않았다. 스스로 선택한 일을 끝까지 완벽하게 해냈다.

어쩌면, 어른들이 아이보다 더 정리를 제대로 해내지 못하고, 필요 없는 것들을 계속 쌓아둔 채 살아가는지도 모른다. 이렇게 필요하지도 않은 것들을 선뜻 버리지 못하는 이유는 무엇일까? 자신이 직접 선택한 것이 아니기 때문이다. 책장 가득 꽂힌 책은 자신의 기준으로 선택한 것이 아니라 순위와 고전이라는 명성에 의지해 골랐고, 사람과의 관계 역시 세상이 말하는 이익을 위한 인맥일 뿐이었고, 지금 머물고 있는 공간과 환경 역시 세상이 말하는 좋은 곳과 유행하는 것을 그때 그때 휩쓸리듯 따라가면서 형성한 것이기 때문이다.

스스로 선택한 것은 버리기 쉽다. 모든 인생은 결국 정리를 거쳐 성장하고 아름다워진다. 물건도 사람도 환경도 제대로 정리해야 새로운 공간에 원하는 것들을 들여놓을 수 있기 때문이다. 내가 앞서 언급한 사진 속 아이들의 행동이 매우 중요하다고 생각하는 이유가 바로 여기에 있다. 뭐든 스스로 생각해서 선택한 아이들은 그 과정도 자신의 것으로 만들며 마무리도 자신이 매듭지을 수 있다.

포털 사이트를 둘러보면 초등학생들이 자기 숙제를 해달라고 글을 남긴 것을 자주 볼 수 있다. 그런데 놀라운 사실은 누군가 답글 형태로, 내가 볼 때 완벽하게 보이는 수준으로 정리를 해줘도 아이들은 만족하지 못하고 다시 이런 요구를 한다는 것이다.

"너무 길어요, 조금만 더 짧게 요약해주세요."

대체 그렇게 얻은 지식과 숙제가 아이에게 어떤 영향을 줄 수 있을까? 이미 많은 지식을 제공했지만 그걸 제대로 정리조차 하지 못해서 다시 또 간단하게 정리해달라는 부탁을 하는 상황을 지켜보며, 나는 이상하게 어떤 장면이 그려졌다. 이 아이들은 처음부터 스스로 숙제 하나 못하게 태어난 걸까? 인물과 역사에 대한 간단한 글조차 쓰지 못하는 이유가 모두 아이에게 있는 걸까? 온라인 커뮤니티에서 부모들을 대상으로 자녀 교육서 공동 구매를 할 때가 있다. 많으면 10여 권의 책이 나와 부모의 선택을 기다린다. 그런데 놀랍게도 거기에 80% 이상 이런 식의 댓글이 달린다.

"제 아이가 초등 3학년인데, 아이에게 맞는 책 좀 추천해주세요."

댓글로 몇 권의 책을 추천하면 다시 또 이런 식의 댓글이 달린다.

"저기, 제가 잘 몰라서 그런데, 딱 한 권만 콕 집어서 알려주세요."

많이 본 장면이 그려지지 않는가? 맞다. 조금만 정리하면 완벽하게 마무리할 수 있는 숙제 하나조차 스스로 하지 못해 누군가의 도움을 바라는 아이의 모습이, 아이에게 맞는 책조차 스스로 선택하지 못하는 부모의 모습과 꼭 닮았다.

좋다는 자녀 교육서를 치열하게 몇십 권 읽어도 변화를 느끼지 못하는 것은 왜일까? 많이 읽었지만, 하나도 읽지 않았기 때문이다. 타인의 추천이나 조언을 듣고 선택한 책은 아무리 수백 번을 읽어도 어떤 변화나 지적 성장을 도모하기 힘들다. 그 이유는 간단하다. 책을 스스로 선택하지 않았기에 왜 읽어야 하는지 모르고, 어떤 방법으로 읽어야 하는지도 전혀 모르기 때문이다.

스스로 선택하며 살아가는 아이로 키우려면 무엇을 해야 하는가? 아이의 자립심을 키워줄 수 있는 것은 대단한 교육 이론이나 방법이 아니라 일상의 작은 실천 하나다.

하루는 파리 샹젤리제 거리를 걷고 있는 내게 한 연인이 다가와, 태양처럼 환한 눈빛으로 카메라를 들어 보이며 이렇게 말했다.

"잠시만 당신의 시간을 빌릴 수 있을까요?"

사진을 찍어달라는 부탁이었다. 이렇게 근사한 표현으로 부탁을 하는데, 내가 어찌 시간을 빌려주지 않을 수 있을까? 두 사람의 모습이 가장 잘 나올 때까지, 마치 내 사진을 찍는 것처럼 최선을 다해 셔터를 눌렀다. 그의 따스한 눈빛과 근사한 표현이 얼마나 아름다운가?

하루는 밤 늦은 시간 지인에게 메시지가 하나 왔다. "행복하세요?"라는 짧은 글이었다. '뭔가 불행한 일이 있나?'라는 생각에 나는 바로, "행복하죠, 이렇게 당신에게 메시지가 왔으니까요."라고 답했다. 그러자 그에게 바로 이런 메시지가 왔다.

"사실 기분 나쁜 일이 있었는데, 작가님 메시지 한 줄에 마음이 갑자기 예뻐졌어요. 감사합니다."

사람의 말은 쉽게 변하지 않는다. 따스하게 말하려고 아무리 노력해도 좀처럼 생각대로 되지 않는다. 늘 성급한 사람은 매번 서두르고, 늘 날카롭게 말하는 사람은 언제나 듣기만 해도 마음이 잘릴 것처럼 냉정한 말을 전한다. 말이 칼이 될 때, 눈빛이 화살이 될 때 우리는 세상에서 가장 불행한 사람이 된다. 아무리 백 번 생각하고 한 번 말하자고 해도, 결국 나오는 대로 말하고 또 후회한다. 예쁘게 말하고 눈빛으로 따스한 온기를 전하는 대화는 쉽게 이루어지지 않는다.

그러나 이것 하나만 기억하면 조금 쉽게 아이에게 따스한 마음을 전할 수 있다. 지금 막 사귄 연인을 대하듯, 아이에게 늘 사랑하는 마음을 전하자. 부모의 좋은 눈빛은 아이의 좋은 일상을 만들고, 그렇게 쌓인 아이의 좋은 일상은 아이의 내면을 확장하게 만든다. 가장 귀한 것을 놓치지 말라. 언제나 내가 사랑을 먼저 받으려면 어렵고, 내가 먼저 사랑을 시작하면 쉽다.

당신이 가진 가장 귀한 마음을
아이와 눈을 맞추며 나누라.
그렇게 그대의 아이는 사랑이라는,
세상에서 가장 값진 보물을 갖게 될 것이다.

예술적 영감의 원천

: 자기 삶의 창조자로 살아가게 만드는 5가지 질문

□

우리는 이런 충고를 자주 듣는다. "사물의 본질을 봐야 한다.", "보이는 것만 보지 말고 이면을 봐라." 그런데 그 문장을 말하는 사람도 문장의 진정한 의미가 무엇인지 제대로 설명하지 못하는 경우가 많다. 자신도 제대로 모르기 때문이다.

바티칸 미술관에 가면 수많은 작품을 관찰하는 재미도 있지만, 관람객을 위한 배려를 곳곳에서 발견하는 것도 소소한 재미를 준다. 이 사진을 보며 아이와 함께 생각해보라. 사진 속 풍경은 어떤 방식으로 관람객을 배려한 걸까? 주의력이 있는 사람은 어렵지 않게 찾아낼 수 있을 것이다. 바로 거울이다. 유럽의 미술관에는 이런 방식으로 관람객을 배려한 장치가 많다. 거울은 작품의 모든 부분을 관찰하려는 관람객의 마음을 배려한 것이지만, 그 가치를 아는 자만 활용할 수 있다.

2020년, 질문 하나가 아이의 인생을 결정한다는 내용을 담은 『하루 한마디 인문학 질문의 기적』이라는 자녀 교육서도 냈지만, 이렇게 내가 질문을 중요하게 생각하는 이유는 부모의 질문이 곧 아이가 살아가면서 답을 찾아가는 데 기준이 되기 때문이다. 부모의 질문은 곧 아이의 판단 기준이며, 앞으로 살아갈 무기와 힘을 주는 든든한 지원군이다. 그러나 여전히 우리는 질문에 서투르다. 서툰 질문은 아이 마음을 자꾸만 불안하게 만든다. "내가 과연 잘할 수 있을까?", "이번에도 실패하면 어쩌지?", "부모님이 이번에는 뭐라고 하실까?" 불안감은 실패와 좌절에 대한 두려움을 심어주고 쉽게 뭔가를 시작하지 못하게 만들며, 중간중간 멈춰서 자꾸만 주변을 의식하고 눈치를 보게 만든다. 아이가 자신의 미래를 불안한 마음으로 마주하지 않게 하려면, "질문은 곧 하나의 창조다."라는 말을 마음에 담고 더 나은 질문을 발견하도록 부모가 더 노력해야 한다. 질문하며 살아갈 수 있는 아이로 키우면, 그때부터는 아이 스스로 일상에서 일어나는 거의 모든 문제를 혼자서도 수월하게 풀어갈 수 있다.

명절이나 주말에 즐겁게 여행을 마치고 귀가할 때 운전하는 사람들은 고민에 빠진다. "언제 출발하면 막히지 않을까?", "막히지 않는 길이나 시간이 없을까?" 하지만 나는 그런 생각을 아예 시작도 하지 않는다. 출발하고 싶을 때 그냥 출발한다. 이유는 간단하다. 어디에서 무엇을 하든 버려지는 시간이 없기 때문이다. 같은 사물을 10시간 바라봐도, 다른 사물을 10시간 동안 수천 개 바라볼 때의 영감을 얻는다. 그게 바로 질문하며 살아가는 사람이 가진 일상의 힘이다. 질문하는 자에게 사물의 새로움과 공간의 이동은 별로 중요하지 않다. 새로운 지식과 공간이 새것을 주는 게 아니라, 새로운 시각이 새것을 주는 법이다.

이 사진에서 가장 눈에 빠르게 들어오는 게 무엇인가? 아마 사람으로 가득 둘러싸인 고급 스포츠카가 눈에 들어올 것이다. 파리의 샹젤리제 거리에서는 이런 풍경을 자주 볼 수 있다. 이유는 간단하다. 이 멋진 자동차는 주차를 목적으로 여기에 서 있는 것이 아니라, 관광객들의 눈길을 끌고 그들을 잠시 태우기 위해 서 있는 것이다. 이 자동차의 관리자는 30분 혹은 60분 정도 관광객을 태워주며 그 대가로 돈을 받는다. 마치 유럽의 관광도시에서 사람들을 말에 태우고 돈을 받는 것처럼 말이다. 이 놀라운 현상에 대해서 어떻게 생각하는가? 바로 앞에 세계의 역사를 관통한 개선문이 있는데, 사람들은 다시 문명이 만든 자동차에 이목을 빼앗기고 전진하지 못하는 것이다. 다시 말하지만, "사물의 본질을 봐야 한다.", "보이는 것만 보지 말고 이면을 봐라."라는 조언은 실천하는 게 쉽지 않다. 우리는 늘 익숙한 것, 세상이 가치 있다고 정한 것에 쉽게 현혹되기 때문이다.

그런 일상에서 벗어나려면 어떻게 해야 할까? 새로운 시각으로 사물을 바라보며 영감을 얻는 힘을 기르기 위해, 나는 매일 스스로에게 질문한다. 나는 44권의 책을 냈고, 그중 4권은 질문에 대한 책이었다. 질문에 대한 책이 없었다면 나머지 40권의 책은 세상에 나오지 못했을 것이다. 질문의 힘은 내게만 적용되는 것이 아니다. 삶의 모든 부분에서, 모든 사람에게 적용할 수 있다.

"우리가 만난 모든 현재는, 지금까지 우리가 던진 질문의 합이다."

세상을 향해 던진 질문의 숫자만큼, 우리는 지금 모습을 창조할 수 있었다. 그러나 질문은 매우 섬세한 기법이다. 아무런 생각도 없이 시키는 대로 쓰기만 하는 글과 낭송으로는 어떤 새로운 것도 배울 수 없다. 그걸 깨닫는 아이가 자기 안에 존재하는 가능성을 발견할 수 있다. 읽고, 듣고, 쓰기만 하는 사람은 그걸 반복하는 기계에 불과하다. 질문이 빠진 책과 강연, 그리고 대화는 누군가가 생각한 지식을 전파하는 것 이상의 가치를 줄 수 없기 때문이다. 지금부터 설명하는 5가지 사항을 아이가 일상에서 실천할 수 있게 돕자. 참고로, 부모가 모범을 보여주는 것보다 나은 교육법은 없다는 사실도 함께 기억하자.

1. 들어야 질문할 수 있다

질문은 결심했다고 아무 때나 시작할 수 있는 게 아니다. 질문의 기본은 경청이다. 듣지 않고 나온 질문은 자신이 들어갈 귀를 찾지 못한다. 타인의 지식과 생각을 충분히 듣고 난 후에야 우리는 제대로 질문할 수 있다. 순간적으로 발산하는 질문은 권하지 않는다. 질문이 아니라 비난과 조롱이 될 가능성이 높기 때문이다. "네가 나보다 잘 알아?", "너 경력이 대체 몇 년 차야?" 이런 마음으로 던진 질문은 오히려 자신을 망친다. 말하고 싶은 모든 감정을 잠재우고 다음 단계로 넘어가자.

2. 조금 더 차분하게 사색하자

상대가 누구든 그는 당신에게 그 말을 전하고 쓰기 위해 최소한 수백 시간 이상 사색했을 것이다. 그에게 질문하기 위해서는, 우리도 그 정도의 노력을 해야 한다. 독서도 마찬가지다. 질문하는 독서가 쉽지 않은 이유는, 책을 읽고 생각하는 시간을 충분히 갖지 않고 설익은 질문을 던지기 때문이다. 상대가 전한 메시지를 듣고 아주 긴 시간 사색하자. 시간이 지날수록 질문은 더욱 섬세하고 예리해질 것이다. 질문은 기다린 만큼 정교해진다.

3. 질문하기 전에 일상에서 실천해보자

"사색을 일상에서 어떻게 실천하나요?", "왜 사랑하며 살아야 하나요?", "굳이 열정적일 필요가 있나요?" 내가 자주 받는 질문들이다. 이들의 공통점은 묻기만 하고 아직 실천한 적이 없다는 것이다. 내가 아무리 좋은 답을 해도 이들은 또 실천하지 않을 것이다. 실천하는 사람들의 질문은 다르다. 나는 질문 하나만 들어도 그가 그 질문을 위해 얼마나 많은 사색의 시간을 보냈는지 알 수 있다. 질문하기 전에 실천하라. 실천의 깊이가 곧 질문의 예리함을 결정한다.

4. 바닥까지 내려가 질문하라

하나의 질문이 나올 때까지 걸리는 시간을 아예 생각하지 말자. 나는 자주 "본질이 뭘까?"라고 스스로에게 묻는다. 사물과 사람의 움직임에 대한 한 줄의 본질이 생각날 때까지, 그 한 줄이 나를 설득할 수 있을 때까지 멈추지 않고 묻는다. 세상은 온갖 테크닉으로 유혹하며 본질이 아닌 곳에 우리를 가두려고 한다. 테크닉은 일시적이지만, 본질은 우리에게 영원한 자유를 준다. 본질은 언제나 바닥에 있다. 책도 마찬가지다. 아무리 두꺼운 책도 본질이 될 한 줄을 파악한 후에 읽기 시작하면 어려운 내용도 쉽게 독해할 수 있다. 예를 들어, 『난중일기』의 본질은 "이순신 장군은 어떻게 그런 애국심을 가질 수 있었을까?"라는 한 줄의 질문이다. 그 본질적 질문에 답할 수 있다면 순식간에 책한 권을 이해할 수 있게 된다. 끈질기게 바닥으로 내려가라. 본질은 귀해서 끝까지 내려가지 않으면 만날 수 없다.

5. 삶이 답한 것을 쓰고 말하라

그렇게 찾은 본질을 일상에서 쓰고 말하며 살라. 앞서 말한 "이순신 장군은 어떻게 그런 애국심을 가질 수 있었을까?"라는 본질적 질문을 찾아내고서도, 나는 정말 오랫동안 사색한 뒤에 "부모를 향한 사랑이 백성에게 옮겨간 것이다."라는 답을 찾아냈다. 그렇게 본질을 발견하고 해답을 찾아낸 후에는 "내가 한번 그렇게 살아보겠다."라는 의지를 갖는 것이 필요하다. 그래서 나는 실제로 다양한 방법으로 부모님께 효를 실천했다. 그러면서 내 삶에도 변화가 생겼다. 이순신 장군의 부모님을 향한 사랑이 백성으로 옮겨간 것처럼, 나의 부모님을 향한 사랑도 내 글이 필요한 사람들을 향해 옮겨가는 것을 느낄 수 있었다.

많은 부모의 바람은 아이의 존재가 널리 알려져 세상에 사랑을 전하는 모습을 보는 것이다. 그래서 나는 "내 책을 한 사람이라도 읽는다면 그걸로 충분합니다.", "내 이야기가 한 사람의 마음이라도 안을 수 있다면 충분합니다."라는 말은 창조자의 입에서 나올 이야기가 아니라고 생각한다. 그건 자신이 창조하는 데 쏟은 시간과 창조한 콘텐츠에 대한 예의가 아니다. 위에 나열한 5가지 질문법이 현실에서 통하기 위해서는 세상을 바라보는 그대라는 통로가 먼저 달라져야 한다. "더 많은 세상을 바라보겠다.", "더 많은 사람을 사랑하고 싶다."라는 생각으로 치열하고 뜨겁게 질문하라.

질문이 결국 문을 열어줄 것이다.

아이들은 본래 창조자로 태어난다

: 예술가의 눈으로 아이를 바라봐야 하는 이유

파리의 개선문 부근에서 발견한 작품이다. 유럽의 거리 곳곳에는 이런 예술 작품이 쌓여 있다. 이런 예술을 감상할 기회는 발견할 수 있는 사람만의 몫이다. 만약 한국의 거리 곳곳에 똑같은 형태로 서 있는 가로수에 익숙해진 사람이라면, 나무를 깎아 근사한 작품으로 만든 이것을 스치듯 보며 "나무가 잘려 있네? 왜 썩은 나무를 잘라내고 새로운 나무를 심지 않는 거지?"라고 생각하며 지나갈 가능성이 높다. 어떤 위대한 예술 작품도 그것을 발견하지 못하면 없는 것이고, 안목 없는 사람이 많아지면 예술 작품은 자연스럽게 조금씩 사라지게 된다. 유럽의 거리가 예술로 가득한 이유는 그 거리를 다니는 사람들이 예술을 알아보고 경탄할 줄 알기 때문이다. 이는 매우 중요한 사실이다. 우리 아이들 교육에 바로 적용할 수 있기 때문이다.

한 아이가 열심히 무언가를 만들고 있다. 아이의 눈에는 빛나는 희망과 완성에 대한 열망이 가득하다. 완성에 대한 열망은 무엇인지 누구나 알 수 있지만, 빛나는 희망은 무엇인지 쉽게 알 수 없다. 그것은 바로 부모를 향한 아이의 마음이다. 자신이 생각한 대로 멋지게 완성한 다음에 작품을 부모에게 보여주려는 희망이 바로 그것이다. 『부모 인문학 수업』에 쓴 글을 다시 전하고 싶다. 여기에 자신의 마음을 발견해주길 원하는 아이의 간절한 마음이 모두 녹아 있기 때문이다.

아이들은 신기한 사실을 발견하는 걸 좋아한다.
단, 그걸 부모와 함께 볼 때 가장 큰 '만족'을 느낀다.
아이들은 배운 것을 누군가에게 말하려고 한다.
단, 그걸 부모에게 말할 때 가장 큰 '기쁨'을 느낀다.
아이들은 모르는 게 생기면 자세히 설명해줄 사람을 찾는다.
단, 부모에게 설명을 들을 때 가장 큰 '행복'을 느낀다.
모든 아이는 세상을 바꿀 위대한 재능을 갖고 태어난다.
단, 부모가 아이에게 '만족'과 '기쁨', '행복'을 줄 때만 가능하다.

유럽의 거리에 있는 온갖 예술 작품이 자신을 발견할 사람들의 시선을 기다리는 것처럼, 아이들이 최선을 다해 무언가를 만들고 발견하는 이유는 그것을 사랑하는 부모와 함께 즐기고 싶기 때문이다. 부모가 그 마음을 알아주기를 바라기 때문이다. 모든 불행과 행복이 여기에서 시작한다. 아이가 발견하거나 창조한 것을 부모가 외면하거나 제대로 반응하지 않고 바쁘다는 이유로 피한다면 어떤 결과가 나올까? 아이들은 스스로 만든 것과 발견한 것을 반대로 망가뜨리거나 훼손할 것이다. 아이 입장에서는 만드는 것과 훼손하는 것이 같은 행위이다. 결국에는 둘 다 부모의 관심과 사랑을 받기 위한 것이기 때문이다. 만든 걸로 관심을 받지 못하니, 이번에는 훼손하며 관심을 끌려는 것이다.

모든 아이 행동의 변화는 역시 부모와의 관계에서 시작한다. 모든 아이는 파괴하는 아이가 아니라 창조하는 아이로 태어났다는 사실을 기억하자. 아이가 나쁜 행동을 하는 이유는 올바른 행동으로 주목을 받지 못했기 때문이다. 아이 입장에서는 부모의 관심을 받는 것이 중요하지, 옳고 그름의 차이는 잘 모르거나 부모의 관심보다 덜 중요하다. 물론 부모는 언제나 바쁘다. 해야 할 일도 많고, 생각도 복잡하다. 그러나 조금만 시간을 내서 아이가 자랑스럽게 들고 있는 것을 바라보자. 그리고 아이의 눈으로 바라보며 참 멋지다는 말을 전해보자. 어쩌면 한 시간 내내 울고 있던 아이가 정말로 바라는 것이 그 눈길과 말 한마디일 수도 있다. 그 멋진 한마디를 통해 아이는 매일 더 나은 것을 창조하기 위해 스스로 배우며 깨닫는 일상을 살아갈 것이다. 처음부터 나쁜 행동을 하는 아이는 없다. 부모가 먼저 아이의 좋은 마음을 발견하면, 아이는 결코 나쁜 생각과 행동을 선택하지 않는다.

괴테 어머니의 교육법

: 사색은 눈에 보이지 않는 예술이다

독일 바이마르에는 괴테가 거의 평생을 살며 작품 활동에 매진했던 집이 있다. 사색을 즐기기 위해 마련한 그 가든하우스를 둘러보며 나는 매우 특이한 점을 발견할 수 있었다. 그곳에는 다양한 종류의 책상과 책장과 탁자가 있지만, 이상하게 의자는 별로 없다. 사진에 보이는 것처럼, 괴테가 글쓰기와 독서를 하던 책상에는 의자가 아예 없다. 어째서 의자를 두지 않았을까? 혹시 세월이 너무 오래 지나서 망가진 의자를 치운 걸까? 아이와 함께 이 사진을 보며 대화를 나눠보자. 괴테는 평생 수십 권의 책과 수천 통의 편지와 다양한 분야에 대한 연구 결과를 글로 남겼다. 쉽게 말해 그는 살아 있는 내내 썼다. 그런 그가 사용한 책상에 의자가 없다는 사실은 무엇을 의미하는 걸까? 답은 간단하다. 그저 보이는 것이 전부다. 그는 의자를 사용하지 않았다. 이것 역시 이유는 간단하다. 앉지 않고 선 채로 글을 썼기 때문이다. 그럼 여기에서 하나 더 질문이 생긴다. "그 많은 글을 어떻게 서서 쓸 수 있었을까?" 진실이 분명할수록 과정은 단순하다. 그가 그 많은 글을 서서 쓸 수 있었던 이유는 쓰는 시간이 길지 않았기 때문이다. 그는 24시간 내내 머릿속에서 글을 써서 완성했다. 그렇게 이미 머릿속에서 완성한 글을 종이에 곧바로 적은 것뿐이다. 쉽게 말해 그는 책상 앞에 서서 글을 쓰기 시작한 것이 아니고, 머릿속에서 생각을 펼치고 다듬고 완성한 뒤에야 책상 앞에 서서 그 생각을 글로 적기 시작한 것이다. 이 사진은 그 사실을 증명하는 매우 위대한 지적 자료다.

우리의 문제는 독서나 글쓰기 능력, 또는 창의력을 자꾸만 배워서 키우려 한다는 데 있다. 그런 일방적인 배움은 학문이 아니다. 스스로 방법을 찾아야지, 배워서 갖출 수 있는 능력이 아니라는 말이다. 괴테는 자신이 고안한 특별한 방법으로 읽고 쓰며 창의력을 발산했다. 집필에 무려 60년을 투자한 『파우스트』를 완성할 당시 그는 앉아서 작품을 쓰지 않았다. 괴테는 내용에 심취한 표정으로 방 안을 돌아다니면서 구술했고, 오히려 시종은 앉아서 괴테가 구술한 내용을 받아썼다. 이 사정을 모르는 누군가가 이 모습을 엿봤다면 도저히 이해할 수 없는 풍경이었을 것이다. 귀족은 힘들게 서서 돌아다니고, 하인이 앉아서 한가하게 글을 쓰고 있으니 말이다. 하지만 괴테는 세상의 시선을 신경 쓰지 않고 언제나 창조할 수 있는 방법을 찾는 데 온 힘을 기울였다. 만약 그가 서서 걷지 않았다면 창조적인 문장은 나오지 않았을 것이며, 대작 『파우스트』 역시 탄생되지 않았을 것이다.

생각은 머리가 아니라 다리로 하는 것이다. 가만히 앉아 있으면 생각도 가만히 굳어버리게 된다. 아이들이 여기저기로 움직이며 무언가를 말할 때, "조용히 해, 가만히 좀 있어!"라고 다그치는 건, "그만 생각을 멈춰줘!"라고 외치며 아이의 창조성을 억누르는 것과 같다.

"스스로 생각할 수 있는 힘을 길러주려면 어떻게 해야 할까요?"

많은 부모가 오래전부터 내게 이 질문을 해왔다. 그때마다 내 답은 이렇게 시작한다. "아이에게 스마트폰을 주지 말고 책을 읽게 해야 합니다." 이렇게 조언하면 80%의 부모는 이렇게 항변한다. "아이 안 기르시죠?", "그게 현실에서 가능할까요?", "누가 몰라서 안 하나요!"

하지만 언제나 문제를 해결하는 사람은 20%이고, 그들은 이렇게 반응한다. "어떻게 하면 그렇게 할 수 있을까?", "현실에서 가능하게 하려면 어떤 방법이 필요할까?", "그 방법을 아이에게 적용하자!"

문제를 해결하려는 부모는 결국, 자기 아이만을 위한 최선의 방법을 찾아낸다. "나부터 스마트폰을 내려놓자.", "텔레비전을 끄고 책을 읽는 모습을 보여주자.", "읽는 재미와 감동을 아이와 함께 즐기자."

요즘 아이들은 글을 정말 쓰지 않는다. 종이에 무언가를 쓴다는 것 자체를 제대로 경험하지 못해서 그렇다. 그럴 때는 무리하게 앉아서 글을 쓰라고 강요하지 말고(어차피 안 쓴다), 괴테가 그랬던 것처럼 아이가 일어서서 집을 돌아다니며 어떤 이야기를 하면 그걸 부모가 받아서 쓰는 것도 좋은 방법이 될 수 있다. 그렇게 쓴 내용을 아이에게 보여주며 "이게 다 네가 한 말이야. 어때, 놀랍지?"라고 찬사를 건네면, 아이는 "나도 글이 될 수 있는 말을 할 수 있구나."라고 생각하며 조금씩 자신감을 쌓을 수 있다. 그렇게 독서나 글쓰기는 아이에게 맞는 방법을 찾아내는 식으로 접근해야 한다. 이때 "어떻게 하면 될까?"라는 질문처럼 되는 방향으로 질문을 해야지, "누가 그걸 모르나!"라는 방향으로 따지기 시작하면 결국 나와 내 아이에게 손해가 된다. 안 되는 방법은 생각이 필요하지 않지만, 되는 방법은 반드시 깊은 생각이 필요하다. 그래서 언제나 다수는 안 되는 방법을 먼저 떠올린다. 내 아이의 얼굴과 아이가 살 내일을 생각하면 저절로 깊은 생각을 하게 될 것이며, 반드시 좋은 방법이 보일 것이다. 사랑은 꼭 길을 찾는다.

괴테도 혼자의 힘으로 그렇게 된 것은 아니었다. 괴테의 어머니는 어린 괴테에게 매일 밤 책을 읽어주었는데, 그 방법이 평범하지 않았다. 다음 이야기가 궁금해지는 가장 극적인 순간에 책을 덮고 이렇게 말한 것이다. "이 다음은 네가 완성해보면 어떨까?" 어린 괴테는 당장 이야기를 완성할 수는 없었지만, 그렇다고 포기한 적은 없었다. 놀랍게도 그는 어머니가 읽어주신 이야기를 자기 방식대로 완성하느라 늘 생각에 잠겨 있었다. 가장 중요한 부분은 바로 그 생각하는 시간에 있었다. 그는 어릴 때부터 늘 생각에 잠겨 있었다. 풀리지 않는 문제를 풀기 위해, 이야기의 마지막을 구성하기 위해, 그는 일상에서 만나는 모든 영감을 마치 식재료처럼 마음의 창고에 저장했다. 이런 그의 어린 시절 습관은 죽는 날까지 이어진다. 중요한 것은 그가 이 사색의 시간을 매우 즐겼다는 사실이다. 어린 괴테는 즐겁게 사색하며 창조하는 일상을 보냈다. 더욱 놀라운 사실은 글을 대하듯 요리를 대하고 요리를 대하듯 글을 대하는 삶의 자세가 괴테와 그의 어머니의 삶에서 공통적으로 나타난다는 사실이다.

독일 프랑크푸르트에는 그 지역을 대표하는 소스가 하나 있다. 7가지 허브로 만든 200년 역사의 건강식 그린 소스로 유명한 그뤼네 조제가 바로 그것인데, 이 근사한 소스를 발명한 사람은 놀랍게도 괴테의 어머니였다. 이런 사실을 듣고도 어떤 사람은 "에이, 설마. 부자니까 다른 사람이 해줬겠지.", "그 시절에 요리를 직접 했겠어? 하녀들이 다 만들어줬겠지."라고 의심스러운 눈으로 바라본다. 하지만 괴테와 그의 어머니가 모두 요리를 좋아했고, 집에 텃밭을 가꾸며 먹을 음식을 직접 기르고 재배했다는 사실을 알면 생각이 바뀔 것이다. 괴테는 식재료의 중요성을 매우 깊이 인식해서 365일 내내 현재 세계의 어느 나라에서 어떤 식재료가 제철 음식인지 알고 있을 정도였다. 그는 글의 영감을 다루듯 음식의 기본인 식재료를 소중하게 다뤘다.

아이를 괴테처럼 키우고 싶어서, 괴테의 어머니가 그랬던 것처럼 아이에게 동화책을 읽어주다가 멈추고 "다음 이야기는 네가 완성해볼래?"라고 말하는 것은 마음만 먹으면 누구나 할 수 있는 일이다. 그러나 인생은 하나로 연결되어 있다는 사실을 알 필요가 있다. 괴테의 어머니는 갑자기 동화책을 들고 나타나 아이에게 책을 읽어주며 다음 이야기를 상상하라고 강요한 것이 아니다. 그녀는 늘 그런 일상을 스스로 살았다. 요리를 할 때도, 아이를 대할 때도, 삶을 대할 때도 마찬가지였다. 어린 괴테는 변치 않는 일상의 어머니에게 배운 것이지, 결코 동화책 읽어주기 하나로 성장한 것이 아니다.

말을 걸어오는 첨탑

: 자신만의 눈으로 세상을 바라보는 능력

이 사진 속 조각은 아마 많은 사람이 어딘가에서 봤던 예술 작품일 것이다. 모두가 안다고 생각하는 작품이지만, 이름까지 아는 사람은 매우 적다. 특히 이 안에 담긴 사연까지 아는 사람은 아주 드물다. 안다고 생각하는 마음이 더 깊이 들어가려는 지적 욕구를 억제하기 때문이다. 일단 이 작품은 라오콘과 그의 두 아들이 포세이돈의 저주를 받는 장면을 조각한 〈라오콘 군상〉이다. 작품을 조금만 관찰해도 알 수 있지만 트로이의 신관 라오콘과 그의 두 아들이 바다 뱀에게 공격당하는 모습을 묘사하고 있다. 군상의 크기가 실제 인간의 크기와 거의 유사해서 더욱 실감나는 작품이다. 하지만 괴테는 〈라오콘 군상〉을 더욱 제대로 관찰하기 위해 그 시절에 누구도 생각하지 못한 방법을 하나 찾아냈다. 그 방법이 뭘까? 그는 당시 오목하게 파서 만든 공간에 놓여 있던 〈라오콘 군상〉을 제대로 감
상하기 위해서 무려 '횃불'을 사용
했다. 그 이유에 대해 그는 이렇게
말한다.

"고대 예술 작품들은 횃불 조
명을 비출 때 그 훌륭함이 가장 잘
드러난다. 보통의 빛으로는 단순
히 옷 밖으로 신비에 가까울 만큼
부드럽게 내비치는 신체의 각 부
분을 감지해낼 수 없기 때문이다. 횃불 조명이 주는 명암을 통해 작품
의 질량감과 들어가고 튀어나온 부분들을 섬세하게 감상할 수 있다."

괴테는 그렇게 평생 놀라운 방법으로 대상을 관찰하고 자기만의
답을 세상에 내놓으며 살았다. 오직 그의 시선으로만 발견하고 내놓을
수 있는 답이었기에 누구의 비난과 비판에서도 자유로울 수 있었으며,
자신만의 세계를 견고하게 만들어갈 수 있었다.

한번은 어느 별장에서 개최된 모집에 참석한 괴테가 거기에서 대
성당의 전면과 그 위에 솟은 탑을 유심히 관찰하고 있었다. 그때 옆에
서 누군가 이렇게 말했다.

"전체가 완성되지 않았고 한쪽 탑밖에 없는 것은 참으로 유감스럽
군요."

이에 괴테가 바로 웃으며 응수했다.

"이 한쪽의 탑이 완성되지 않은 것을 저도 유감으로 생각합니다.

왜냐하면 4개의 소용돌이가 짜임새 없이 끊어져 있으니까요. 그 위에 4개의 가벼운 첨탑이 붙고 또 십자가가 서 있는 한가운데에도 더 높은 첨탑이 올라갈 예정이었겠죠.”

괴테가 확신에 가득 찬 표정으로 신나게 말하자 이를 못마땅하게 여긴 한 남자가 이렇게 물었다.

“아니, 누가 그렇게 말하던가요?”

괴테는 당황하지 않고 간단하게 답변했다.

“저 탑 자신이죠. 나는 이 탑을 오랫동안 주의해서 관찰하였고 또 많은 애정을 쏟았기 때문에 탑 쪽에서도 마침내 공공연한 비밀을 털어 놓을 결심을 해준 겁니다.”

그의 확신은 어디에서 시작한 걸까? 괴테는 항상 사물을 오래 관조하고 고찰함으로써 비로소 어떤 개념에 도달하는 경로를 찾을 수 있었다. 만약에 그 개념을 처음부터 다른 사람에게 배웠다면 그의 주의를 끌지도 못했을 것이고, 다른 사람에게 보이지 않는 탑의 완성된 형태를 알아내는 수확도 거두지 못했을 것이다.

뜨거운 햇살이 내리쬐는 사막에서, 며칠 아무것도 먹지 못하다가 우연히 물을 발견했다고 생각해보자. 당신은 어떤 방법으로 물을 마실 것 같은가? 아마도 ‘벌컥벌컥’이 답일 가능성이 높다. 부족함을 채울 뭔가를 발견하면, 마치 갈증을 해소하듯 빠르게 빈 곳을 채우려 하는 사람이 대부분이다. 그건 인간의 본능일 수도 있다. 하지만 채우는 속도가 빠를수록 과정과 시간은 짧아지고 정작 중요한 맛과 향은 즐길 수 없다. 아무리 거부하기 힘든 본능이라고 해도, 우리에게 생명이 있는 이유는 더 나은 것을 하나하나 선택해나가기 위함이 아닐까?

아이들은 본능에 충실한 삶을 살아간다. 그렇게 살지 않아야 할 이유를 아직 모르기 때문이다. 반대로 그 이유를 알려주면 그 순간부터 아이는 다른 아이와 다른 일상을 보내게 될 것이다. 자신이 맞이하는 모든 일상이 근사한 책의 한 페이지가 되는 아이로 산다는 것, 생각만 해도 얼마나 행복한 일인가? 외출을 했다가 집으로 돌아와 물을 찾는 아이에게 이번에는 물컵을 그냥 주지 말고, 이렇게 한마디를 덧붙여 건네자. "우리 이번에는 물을 한번 천천히 마셔볼까?"

새로운 시도는 반드시 부모가 함께하는 게 좋으니, 같은 컵을 준비해서 먼저 천천히 마시는 시범을 보여주자. 그럼 아이도 조금은 즐겁게 따라 할 것이다. 그리고 질문으로 아이 안에 잠든 생각을 자극하자. "어때? 평소처럼 벌컥벌컥 마실 때와 다른 게 있니?" 처음에는 아이가 차이점을 느끼지 못할 수도 있다. 미세한 차이를 느끼는 것이 처음이기 때문이다. 하지만 그런 시도가 이어지면 아이는 결국 자신이 좋아하는 생수를 알게 되고, 그 생수가 다른 물과 무엇이 다른지 설명할 수 있게 된다. '대박'처럼 다른 사람이 알 수 없는 표현이 아니라, "이 생수는 다른 물보다 신선해. 이슬을 마시는 기분이야."라는 아이만의 표현을 할 줄 알게 된다. 자신만의 표현법을 만들어낸다는 것은 매우 위대한 일이다. 생각이 멈춘 이 시대에서, 아이가 자기 안에 존재하는 내면과 대화를 시작하며 자신을 위해 준비된 길을 걷기 시작했다는 것을 의미하기 때문이다.

사색이 곧 우리의 한계다. 반대로 사색은 우리의 한계를 뛰어넘게 해주는 희망이다. 사색가의 가장 큰 특징은 세상이 정한 대로 세상을 바라보지 않는다는 점이다. 그들은 모든 사물을 자신의 눈으로 바라보고 느낀 후, 자신의 언어로 정의한다. 그렇기 때문에 그들에게 창조란 자신이 발견한 세상을 글이나 그림 혹은 음악의 형태를 빌려 그 틀 속으로 집어넣는 것을 의미한다. 중요한 것은 자신만의 눈으로 세상을 바라볼 줄 아는 능력이다. 그런 능력을 가진 사람만이 세상에 있는 모든 정보를 제대로 활용할 수 있다. 아무리 좋은 정보라 해도 원칙 없이 쌓기만 하면 쓰레기만 쌓인 산과 같다. 그저 정보를 쌓는 기계의 삶을 살고 싶지 않다면, 세상을 보는 데 그치지 말고 존재하지 않았던 것을 발견해내는 힘을 길러야 한다.

그리고 사색은 발견이다. 세상에 이미 존재하지만, 누구도 알아보지 못한 것을 혼자만 아는 일이다. 당연히 그 모든 과정이 즐거울 수밖에 없다. 뉴턴이 사과나무 아래에 앉아 이미 존재하지만 누구도 발견하지 못한 '만유인력의 법칙'을 발견할 수 있었던 가장 큰 이유가 뭘까? 사과나무 아래에서 가장 오랫동안 앉아 있었기 때문이다. 그럼 이렇게 질문을 바꿔서 생각해보자. 사과나무 아래에 오랫동안 앉아 있을 수 있었던 비결은 뭘까? 다른 사람 눈에는 보이지 않는 것이 그에게만 보였기 때문이다. 사색이 창조로 이어지는 이유는, 사색 그 자체가 사색가에게 즐거움을 주기 때문이다. 사색할 줄 아는 능력은 아이가 자신만의 길을 찾으며 살아가기 위해 가장 필수적인 자본이다.

예술가의 시선이 머무는 곳

: 다양한 시선을 자기 안에 가득 채운 사람

파리를 떠올리면 바로 에펠탑이 연상될 만큼, 에펠탑은 파리를 대표하는 상징적인 건축물이다. 아이와 함께 에펠탑을 감상할 기회가 주어진다면 어떻게 할 것인가? 나는 일부러 에펠탑과 가장 먼 곳에서 가장 가까운 곳으로 이동해가며 3장의 사진을 찍었다. 거리가 가까워지면서 보이는 것도 달라지기 때문이다. 가장 먼 거리에서 보면 에펠탑은 주변 풍경과 아름답게 어울리고, 바로 앞으로 이동해서 에펠탑 하나만 사진에 가득 담으면 그 모습이 얼마나 웅장한지 느낄 수 있다. 그리고 바로 밑에서 위를 바라보면 그제야 완전히 다른 부분이 보인다. 아이와 함께 오랫동안 생각해보자. 쉽게 발견할 수 있는 것이 아니기 때문이다. 에펠탑 밑의 중앙에서 위를 올려다보면 엘리베이터 외부에 설치돼 있는 의자와, 그 의자에 앉아 올라가는 사람을 볼 수 있다. 엘리

베이터에 앉아 올라가는 사람의 눈에는 파리 시내 정경이 보이지만, 바깥에 설치된 의자에 앉아 위를 바라보며 올라가는 사람 눈에는 엘리베이터와 그 위 하늘 풍경이 보인다. 같은 사물을 중심에 두고 바라본 풍경이지만 모든 사진에서 다른 모습을 발견할 수 있다. 이 사실은 무엇을 의미할까?

사람은 각자 자신이 서 있는 지점에서 사물을 바라보게 되어 있고, 다른 지점에 서면 얼마든지 다른 풍경을 볼 수 있다. 다른 사람의 생각을 이해한다는 것도 이와 비슷하다. 내가 서 있는 지점이 아니라 그가 서 있는 생각의 지점으로 이동해서 함께 같은 것을 바라봐야 비로소 그의 생각을 이해할 수 있다. 하나의 시선이 아니라 다양한 시선을 자기 안에 채운 사람을 우리는 예술가라고 부른다. 그리고 그들은 매우 멋진 능력을 발휘하며 살게 된다. 색다른 시선으로 세상을 분류하고 다시 조립하는 삶 말이다.

만약 당신에게 아이의 예술 지능을 좌우하는 단어를 꼽으라면 무엇을 선택할 것인가? 그간의 역사를 통해 내가 선택한 단어는 '참견'과 '배려'다. 모든 위대한 예술은 누군가를 돕고 싶다는 마음에서 출발한다. 자신을 위해 만들면 그저 상품이지만, 타인을 위한 마음을 담으면 예술로 승화된다. 그러므로 아이가 자신의 일상을 예술로 만들거나, 타인이 만든 예술 작품을 감상할 안목을 가지게 하고 싶다면 '참견'과 '배려'라는 단어를 이해해야 하며, 배려를 추구하는 삶을 살아야 한다.

사실 참견과 배려는 매우 미세한 차이로 상대의 기분을 좋게 만들 수도 있고 반대로 최악으로 만들 수도 있는 단어다. "어디까지가 배려고, 어디서부터 참견일까?" 많은 사람이 그 선을 찾지 못해 방황하지만, 내게는 쉽게 구분할 방법이 하나 있다. 이를테면 지금 당신 앞에 한 사람이 있고, 그는 지금 어떤 문제로 고민하고 있다. 그리고 당신은 그의 문제를 해결할 하나의 답을 갖고 있다. 다음 2개의 선택지 중 당신은 무엇을 선택할 생각인가?

"지금 말하고 싶어서 미칠 것 같다!"

"어떻게 하면 도와줄 타이밍을 잡을 수 있을까?"

말하고 싶어 미칠 것 같다면, 당신의 마음은 참견일 가능성이 높다. 상대가 듣는 모습을 생각하는 게 아니라, 자신의 말하려는 욕구에만 치우친 선택이기 때문이다. 반대로 말할 타이밍을 잡으려 상대를 바라본다는 것은 당신이 말하려는 욕구가 아니라 도움을 주려는 좋은 마음을 가졌음을 증명하는 것이다.

"제발, 참견 좀 하지 마."

아이들이 많은 시간 머무는 집이나 학교, 놀이터 등에서 자주 들을 수 있는 말이다. 만약 당신의 아이가 그런 소리를 자주 듣고 있다면, 아이에게 다가가 '참견'이라는 단어의 정의에 대해 간단히 설명하고 그것이 '배려'와 어떻게 다른지 알려주자. 그러면 친구들에게 차츰 "참견하지 마."라는 소리를 덜 듣게 될 것이고, 그와 동시에 배려라는 표현을 자주 듣게 될 것이다. 그리고 보통의 일상이 예술로 넘어가는 길목에서 아름다운 것을 느끼는 순간을 자주 경험하게 될 것이다.

제법 무거운 질문을 하나 해본다. 아이가 곁에 있다면 함께 생각해보는 것도 좋다.

"인류의 기원은 어디에서 어떻게 시작되었을까?"

모든 종교와 문화, 환경의 문제를 배제하고 아이와 자신에게 한번 질문해보라. 아마 답하기가 쉽지 않을 것이다. 배운 지식이나 들었던 사실을 그저 꺼내 나열할 수밖에 없기 때문이다. 저마다 다른 답이 나와야 정상이지만, 우리가 거의 비슷한 답을 내놓는 이유는 역시 그렇게 배웠기 때문이다.

누군가 기록한 것을 외우기만 해도 문제 없이 살아갈 수 있는 시대는 지났다. 세상에서 가장 미련한 행동은 누군가 기록한 것을 외우기 힘들어, 그 원리를 이해하려고 노력까지 하는 사람이다. 왜 굳이 다른 사람이 살았던 인생을 평생 답습만 하려고 하나? 중요한 것은 지금, 여기에 존재하는 당신의 생각과 결론이다.

시작을 장악하라. 만약 당신이 "사람은 죽는다."라는 말로 시작을 장악한 후, "그래서 죽은 사람을 묻을 고인돌이 필요했다. 그렇게 인류의 기원은 건축으로 시작한다."라고 말할 수 있다면, 건축으로 인류의 모든 역사를 설명할 수 있게 된다. 건축의 시선으로 세상을 관통하며, 또 하나의 시선으로 역사를 이해할 수 있게 되는 것이다.

답은 하나만 있는 것이 아니다. 만약 "인간은 먹어야 산다."라고 시작을 장악할 수 있다면, 당신은 "결국 인류의 기원은 농사에서 시작한다."라고 말할 수 있고, 농작물의 역사를 인류의 성장과 연결해서 새롭게 역사를 구성할 수 있다. 그럼 여기에서 이렇게 문제를 제기하는 사람이 있을 수 있다. "건축이 먼저일 수는 없다. 인간이 죽기 위해서는 태어나 농사를 짓는 시간이 필요하다."

반론은 얼마든지 가능하다. 그럼 또 이렇게 말할 수 있을 것이다. "태어나 죽고, 그를 묻을 고인돌을 만들고, 농사를 짓는 과정에서 인간에게는 삶의 기준이 될 철학이 필요하다. 인류의 기원은 철학이다."

이렇게 말할 수 있다면 그는 철학으로 모든 역사를 체계화한 책도 하나 쓸 수 있다. 굳이 건축이나 철학을 전공하지 않아도, 질문을 던지고 시작을 장악할 수만 있다면 그 학문을 배운 사람들이 내놓을 수 없는 자기만의 답을 찾을 수 있다. 세상을 새롭게 바라볼 수 있는 근사한 시선을 갖게 되는 것이다.

루브르 박물관에서 만난 아름다움의 신

: 아이에게는 더 뜨겁고 깊은 사랑이 필요하다

〈밀로의 비너스〉는 루브르 박물관에 가면 반드시 봐야 하는 작품으로 꼽힌다. 이 작품은 고대 그리스 예술의 이상이 잘 표현된 작품이며, 아름답고 완벽한 균형을 이루는 여성의 몸매로 인해 미美의 전형으로 알려져 있다. 많은 전문가가 다양한 이유를 들어 이 작품이 왜 미의 전형인지 증명해왔다. 이런 사실이나 지식은 검색만 해도 누구나 알 수 있다. 그럼 여기에서 우리가 얻어야 할 가장 중요한 게 뭘까? 바로 자신만의 시각으로 바라보는 것이다. 그럼 자신만의 시각을 가지려면 어떻게 해야 할까? 자신만의 생각을 가지고 있어야 한다. 생각이 모여 시각을 결정하기 때문이다. 그래서 나는 언제나 사람들이 고전이라고 부르는 작품을 관찰할 땐 더욱 적극적으로 모든 부분을 공평하게 관찰하려 한다. 이 사진을 보면 내가 어디에서 비너스를 관찰했는지 금방 알 수 있을 것이다. 맞다. 뒤에서 봤다. 이 개념이 매우 중요하다. 대부분의 사람처럼 앞에서 볼 수도 있지만, 뒤에서 작품을 보는 것은 느낌이 전혀 다르다. 내가 뒤에서 관찰하는 20분 내내 나처럼 뒤에서 비너스를 관찰한 사람은 한 명도 없었다. 그건 무엇을 의미하는가? 뒤에서 본 비너스 상에 대해서 말할 수 있는 사람이 그만큼 귀하다는 것이다. 물론 모두가 바라보는 시선에서 관찰하는 것은 기본이다. 하지만 다른 사람이 보지 못한 것을 보려면 색다른 시선으로 관찰해야 한다.

아이가 혼자 외딴 곳에서 다른 일을 하고 있다고 걱정하거나 아이들이 많은 곳으로 부르지 말자. 아이는 자기만 알고 있는 것을 관찰하며 스스로 공부하고 있는 것이다. 이렇게 모두가 아는 사실을 자기만의 시선으로 바라볼 수 있다면, 그 아이는 어떤 상황에서도 평생 성장을 거듭하며 경쟁하지 않고 살아갈 것이다. 우리는 이제 그 근본적 힘이 되어줄 예술가의 시선을 아이가 가질 수 있도록 도와야 한다. 본격적으로 그 방법을 전하기 전에 꼭 이 한마디를 전하고 싶다.

"아이에게는 더 뜨겁고 깊은 사랑이 필요하다."

적당한 마음으로 평균 정도가 되려는 자는 아무것도 될 수 없다. 아이가 태양 앞에서도 빛나는 사람으로 성장하기를 바란다면, 그에 걸맞은 사랑으로 아이를 품어야 한다. 부모의 충분한 사랑을 받은 아이는, 우선 자신에게서 가장 가까운 곳부터 시작해 가능한 한 온 세상으로 범위를 넓혀 자신이 받은 사랑을 전하며 살아갈 것이다.

부모의 사랑은 아이의 내일을 밝히는 기적이다.

모두가 아는 사실을 자기만의 시선으로 바라볼 수 있다면 어떤 상황에서도 평생 성장을 거듭하며 살아갈 수 있다. 아이가 다른 것을 발견하는 예술가의 시선을 가질 수 있도록 도와야 한다.

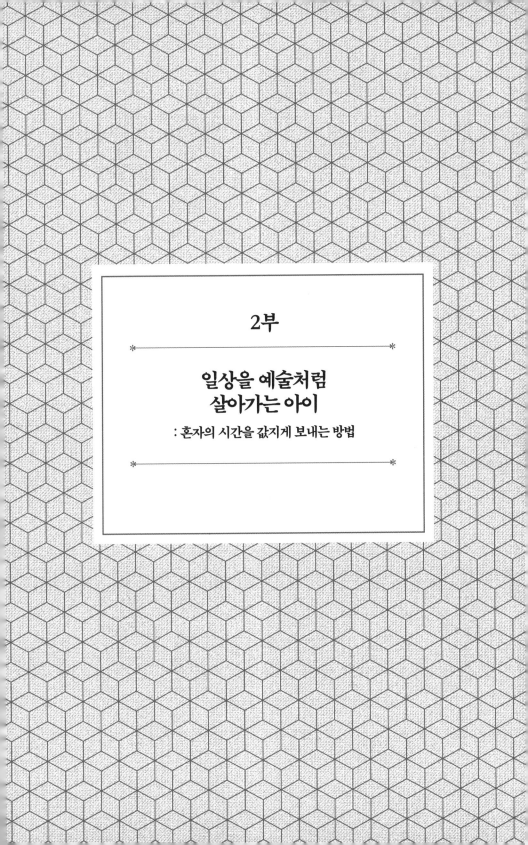

2부

일상을 예술처럼
살아가는 아이

: 혼자의 시간을 값지게 보내는 방법

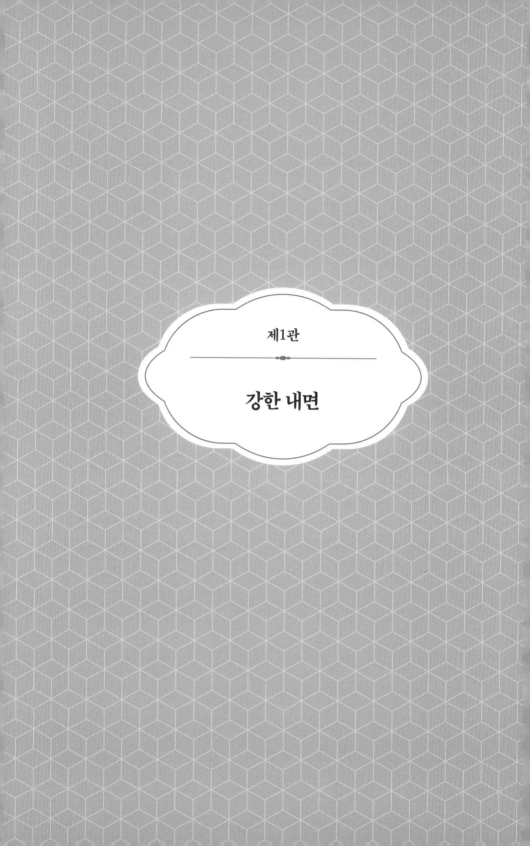

제1관

강한 내면

아이의 삶을 구하는 것은 한 가닥의 예술이다

예술은 경제와 과학, 정치와 삶을 가장 근사하게 배울 수 있는 '자연의 소리'다. 자연의 소리인 예술은 세상 모든 것과 밀접하게 연결되어 있다. 부모가 모두 직장에 다니기 때문에 혼자서 모든 것을 해결해야 하는 아이가 있었다. 어린이집과 유치원에 다닐 때는 오전 8시부터 부모가 돌아오는 오후 6시까지 집이 아닌 공간에서 부모가 아닌 다른 사람과 함께 시간을 보내야 했다. 부모는 당연히 아이를 만날 때마다 힘들지만 뜨겁게 아이를 안아 올려 뺨을 비비며 사랑을 전했다. 그래도 불안했다.

"내가 아이를 너무 혼자 놔두는 건 아닐까?"

아이에게는 남다른 습관이 있었다. 매일 집에서 A4 용지를 여러 장 챙겨 등원하는 것이었다. 아이가 습관적으로 반복하는 그 행동을 부모는 인지하고 있었지만, 종이로 뭔가 만들거나 장난을 치기 위해 쓴다고 생각하며 지나쳤다. 그러다가 유치원에 입학하고 얼마 지나지 않아 담임 선생님과 면담을 하는 동안 놀라운 이야기를 듣게 되었다. 아이가 수업 시간에 매우 집중을 잘하고, 친구들과 관계도 원만하며, 무엇보다 '사람들의 장점을 찾아주는 사람'이 되고 싶다는 분명한 꿈이 있다는 것이었다.

그렇게 자랄 수 있었던 까닭은 무엇일까? 아이는 매일 집에서 가져간 종이에 그림을 그렸다. 혼자 있는 시간을 허비하지 않고 자신이 원하는 그림을 그리며 자신을 위해 사용한 것이다. 그런데 그림을 그리는 것과 사람들의 장점을 찾아주는 사람이 되고 싶다는 꿈은 무슨 관계가 있는 걸까? 아이는 이렇게 답했다.

"그림을 그리다 보니, 자주 사용하는 색연필이 있고 거의 사용하지 않는 색연필이 있다는 사실을 알게 되었어요. 하루는 자주 사용하지 않는 검은색 색연필이 저에게 이렇게 하소연했어요. '나를 좀 사용해 줘.' 그래서 저는 이렇게 답했죠. '미안해, 그런데 검은색은 사용할 곳이 없어.' 그러자 색연필이 저에게 이렇게 말했죠. '숯을 그려봐.' 그렇게 저는 모든 색에 그 나름의 쓸모가 있다는 사실을 알게 되었어요. 저는 가족이 함께 놀러간 캠핑장을 떠올렸고, 바비큐 파티를 즐기던 모습을 그리며 검은색 색연필을 사용했죠."

그 아이는 이제 중학생이 되었다. 그리고 어렸을 때 가졌던 꿈을 여전히 가슴에 간직한 채 꿈을 이루기 위해 수업에 집중하며 지식을 쌓고 있다. 왜 배워야 하는지, 배운 것을 어디에 어떻게 써야 하는지 알고 있기 때문이다.

부모가 늘 함께 있다고 아이가 제대로 자라는 것은 아니다. 반대로 아이가 혼자 있는 시간이 많다고 삐뚤어진 생각을 가진 사람으로 자라는 것도 아니다. 중요한 것은 아이가 혼자 있는 시간에 무엇을 하느냐에 달려 있다. 혼자 있었던 시간이 아이의 꿈을 찾아줬고 키워줬다. 아이는 혼자서도 뭐든 잘할 수 있다. 중요한 것은 예술을 곁에 두고 살게 하는 부모의 정성이다. 아름다운 음악과 존재만으로 완벽한 자연, 시각의 전환으로 창조한 온갖 예술, 그리고 일상의 사소한 예술적 가치를 전해주면 아이는 혼자 있는 시간에도 무럭무럭 성장할 것이다.

혼자 오랜 시간 있는 아이는
치열하게 다르게 배우는 아이다

중요한 것은 그간 유지한 일상과 결별하고 예술적 일상을 시작하려는 용기를 내는 것이다. 간혹 반복된 실패로 자신감을 잃은 아이를 본다.

"저는 저 친구보다 더 많이 도전했는데, 왜 친구가 이룬 것의 반도 도달하지 못하는 걸까요?"

안타깝게도 아이들은 잔뜩 풀이 죽어 있는 음성으로 내게 묻는다. 세상에는 단어를 빠르게 외우는 아이도 있고, 그림을 빠르게 그릴 수 있는 아이도 있다. 하지만 빠르기는 결코 우리가 추구해야 할 최고의 가치가 아니다. 중요한 것은 그 사람만의 것을 보여주는 일이다. 세상에 하나뿐인 것을 완성하려면 어떻게 해야 할까? 간단하다. 질문을 반복하면 된다. 당신이 누구든 당신만이 세상에 보여줄 수 있는 단 하나뿐인 것은 질문에서 나오기 때문이다. 질문은 우리를 유일한 존재로 키우는 강력한 힘을 갖고 있다. 아이에게 혼자 있는 시간과, 다르게 바라보고 생각하는 것이 얼마나 귀한 것인지 필사를 통해 알려주자.

"완전히 혼자일 때 온전히 하나를 바라볼 수 있게 됩니다.

중요한 것은 남들보다 열 가지를 잘하는 게 아니라,

하나라도 다르게 하는 것임을 나는 알고 있습니다.

열 가지를 잘하는 아이는 평생 경쟁하지만,

하나를 다르게 하는 아이는 평생 성장하니까요.

자주 완전한 혼자를 경험하게 하는 게 좋습니다.

나는 남들보다 뛰어난 것이 아닌,

남들과 다름의 위대함을 저절로 깨닫고,

혼자 더 많은 것을 배우기 위해 분투할 것입니다."

질문하는 힘,
포기하지 않는 힘을 길러주자

무언가를 한 번에 혹은 빠르게 완성하지 못하고 자꾸 반복해서 시도하는 아이에게는 두 가지 능력이 있다. 하나는 질문하는 힘이다. 같은 시도를 반복한다는 것은 다르게 질문했기에 가능한 일이다. "어떻게 하면 그림에 더 화사한 느낌을 줄 수 있을까?", "단어를 빠르게 외우는 것이 아니라 오래 기억하게 만들려면 어떻게 해야 할까?" 이런 방식으로 질문했기 때문에 몇 번이나 다시 도전할 수 있는 것이다.

또 하나의 능력은 포기하지 않는 힘이다. 위대한 작품을 창조한 예술가들은 결코 쉽게 작품을 완성하지 않는다는 공통점이 있었다. 하나의 작품을 완성하기 위해 그들은 수많은 조각을 부수거나 다시 그림을 그려야만 했다. 음악도, 미술도, 건축도 모두 마찬가지다. 예술적 능력을 기르기 위해 가장 중요한 것은 뛰어난 감각이 아니라, 당장 결과가 나오지 않더라도 지속할 수 있는 힘이다.

　모든 아이가 같은 나무를 보고 그려도 아이들이 그린 나무는 저마다 모두 다르다. 다르다는 것이 바로 아이의 가능성이다. 예술을 모르고 살게 하는 것은 자신의 가능성을 꺼내지 못한 채 살게 하는 것과 다르지 않다. 아이가 자신만의 나무를 보게 허락하자.

일상의 예술을 즐기는
아이로 키우는 방법

언젠가 고양이와 손 씻기를 소재로 쓴 두 줄짜리 시를 읽고 감탄한 적이 있다. 정확하게 기억이 나진 않지만, 이런 내용의 시였다.

"고양이와 놀고 나서 손을 씻었다.

고양이와 놀기 위해 손을 씻었다."

이 짧은 시에 부모가 아이에게 알려주고 싶은 것들, 생명을 소중하게 생각하는 마음, 타인을 향한 따스한 배려, 사소한 것도 아끼는 마음, 상황을 다르게 생각하기 등의 메시지가 모두 녹아 있다. 물론 위생상 고양이를 만진 후에는 손을 씻는 것이 좋다. 하지만 이 시에서는 고양이의 입장까지 생각할 수 있게 해준다. 그게 바로 이 시가 주는 가장 근사한 메시지다. 이런 시를 쓰거나 읽고 감정을 느낄 수 있는 아이는 예술적 일상을 살지 않을 수가 없다.

일상의 예술을 발견하고 즐기려면, 사람의 눈으로 고양이를 바라보는 시각에서 벗어나 고양이의 마음으로 세상을 바라볼 수 있어야 한다. 쉬운 일은 아니다. 우리는 왜 자신의 입장에서 벗어나지 못하는 걸까? 간단하다. 자신의 이익을 먼저 생각하기 때문이다. "나는 깨끗하고, 나는 손해 볼 수 없고, 나는 좀 더 쉽고 빠르고 즐거운 것을 경험해야 한다."라는 원칙을 중심에 둔 채 생각하고 말하고 행동하기 때문이다. 그런 상태로는 타인을 배려할 수가 없다. 타인에 대한 배려는 곧 자신의 손해라고 생각하게 되기 때문이다.

사건 사고가 날 때마다 너무나 쉽게 여기저기에서 나오는 소리가 있다. "네 부모라면 그렇게 하겠냐?", "네가 살 집이라면 그렇게 짓겠어?", "네 자식이라면 가만히 있을 수 있어?" 이런 온갖 종류의 비판이 제기되지만 상황이 하나도 나아지지 않는 이유는, 자신의 이익으로 움직이는 인간은 타인을 배려하지 않기 때문이다. 이건 매우 본능적인 문제인 동시에 인간이기에 벗어나기 힘든 아픈 이야기다.

자신의 위생을 위해 손을 씻는 행위는 아이가 걷기 시작하며 자연스럽게 배우는 일상의 원칙과도 같다. 식사하기 전에, 외출 후에, 각종 동물을 만진 후에 등등 아이들은 오직 자신의 위생을 위해 손을 씻는 방법을 배웠다. 하지만 이 시를 읽고 나서는 처음으로, 누군가를 위해 손을 씻는다는 것이 어떤 의미인지 생각하게 된다. 그 생각의 전환이 아이에게는 새로운 세계를 경험하는 것처럼 놀랍게 느껴질 것이다.

아이의 변화는 부모가 들려주는
이야기에서 시작된다

　자신을 위해서가 아니라, 작고 말하지 못하는 생명을 위해 마음을 내어준다는 것, 얼마나 고귀한 순간인가. 하나의 생명이 다른 하나의 생명을 인지하고 공존하며 살아가는 법에 대한 깨달음을 얻는 순간이라 볼 수도 있다. 그렇게 아이의 마음속에서는 그간 한 번도 생각한 적 없던 소중한 질문이 연속적으로 나와, 아이의 의식 수준을 끌어올린다.

　이번 필사에서 중요한 부분은 '더 많이'와 '내 마음', '나는'과 같은 표현들이다. 내가 주체가 되어 무언가를 더 전한다는 의미가 무엇인지 깨닫는 과정이 핵심이기 때문이다.

　인간은 태어나면서부터 자신을 위해 사는 법을 배운다. 사실 그건 생명을 가진 존재라면 그 생명을 유지하기 위해 본능적으로 아는 것이라 따로 가르칠 필요도 없는 일이다. 중요한 것은 이후의 일이다. 자신을 위해 살았던 사람이 소중한 다른 존재를 위해 살아가는 것이 얼마나 값진 일인지 깨닫게 되며, 그는 인간이 배워야 할 수많은 가치를 저절로 가슴에 담게 된다. 이것은 수업에서 배울 수 있는 것도 아니고, 책에서 습득할 수 있는 지식도 아니라 더욱 귀하다.

부모라면 "좋은 글을 읽고, 그 글의 의미를 간파한 부모가 아이에게 이야기를 들려줄 때 변화는 시작된다."라는 사실을 늘 기억해야 한다. 그리고 그 변화는 실제로 다른 생명을 위해 손을 씻고 그에게 다가갈 때 아이의 것이 된다. 세상에는 아이가 배워야만 하는 수많은 가치가 있다. 하지만 그것들은 진지하게 혹은 어렵게 배워야만 알 수 있는 것이 아니다. 부모가 조금만 생각을 전환하면 아이는 정말 쉽게 배울수 있다. 그것이 바로 내가 생각하는 '일상의 예술'이다. 아이와 함께 일상의 예술을 돕는 아래 질문을 필사하며 그 감각을 단련하자.

"어떻게 하면 더 많이 사랑할 수 있을까?"

"어떻게 내 마음을 전할 수 있을까?"

"배려하며 살기 위해 나는 무엇을 해야 하나?"

"듣기만 해도 기분 좋은 말을 하려면 어떻게 해야 할까?"

"도움을 주는 사람이 되려면 무엇을 배워야 하나?"

일상 자체를
예술로 만들어라

아이는 살면서 수많은 예술을 바라보게 될 것이다 음식을 예술적으로 만드는 사람을 만날 수도 있고, 최고의 그림과 조각을 만날 수도 있다. 그러나 가장 중요한 것은 그런 예술과 만나기 전에, 아이의 일상 자체가 예술이 되어 있어야 한다는 것이다. 어렵지 않다. 고양이와 손 씻기를 통해 우리가 배워야만 할 가치를 가슴에 담은 것처럼, 하나를 읽고 발견한 어떤 가치를 가슴에 담을 줄 아는 사람이 될 수 있다면 충분하다.

예술을 아는 아이는 흔들리지 않는다. 어디에서 무엇을 하며 살아도 반드시 그 의미를 발견하기 때문이다. 아이가 그렇게 자신의 예술을 발견하게 하고 싶다면, 꼭 이 말을 기억하자.

"미술과 음악 그리고 건축 등 모든 분야의 대가를 만나면

그들의 작품이 특별한 곳이 아닌 일상에서 나온 것임을 알게 된다.

일상은 우리가 가진 가장 최고의 자산이며,

그 안에서 누구든 근사한 예술 작품을 창조할 수 있다.

세상에서 가장 위대한 예술은 벽에 걸려 있는 작품이 아니라,

당신이 매일 반복하며 사는 일상의 마음이다.

일상을 대하는 마음만 바꾸면,

우리는 언제나 예술을 만날 수 있다."

부모의 자제력은
아이의 자기 효능감으로 이어진다

　새로운 사람을 만나는 자리에서 옆에 서 있는 아이를 소개할 때 "우리 아이는 조금 내성적이라서요."라는 표현을 내뱉는 부모가 있다. 큰소리로 인사를 하지 않을 때, 먼저 나서서 대화를 주도하지 못할 때 부모는 자기 아이가 내성적이니 이해해달라는 뜻으로 그렇게 말한다. 물론 정말로 그럴 수도 있다. 하지만 부모가 먼저 나서서 아이의 성격까지 재단할 필요는 없다. 그런 상황이 반복되며 겹칠 때마다 아이 내면에서는 "나는 내성적인 아이야.", "내성적인 것은 좋은 게 아니야.", "나는 안 좋은 성격을 갖고 있어."라는 3가지 생각의 흐름이 마치 파도처럼 멈추지 않고 오가며 깊은 상처를 입게 된다. 아이가 높은 자기 효능감을 가지고 살기를 바란다면, 어떤 경우에도 아이의 성격과 성향, 일의 결과와 생각을 함부로 재단하지 않는 게 좋다.

1부에서 자세하게 설명했지만, 자기 효능감에 대한 조금 더 깊은 이해를 위해 다시 한번 1508년 미켈란젤로가 교황 율리우스 2세의 주문으로 시스티나 성당 천장화 〈천지창조〉를 그리기 시작했던 장면을 생생하게 떠올릴 필요가 있다. 모든 작품을 대하는 그의 특징 중 하나는 매우 섬세하게 구성한다는 것이었고, 그런 그의 성격은 늘 그를 힘들게 만들었다. 〈천지창조〉 역시 마찬가지로 그는 마치 창세기의 모든 내용을 성당에 집어넣겠다는 의지로 구성을 시작했고, 그 모든 것을 섬세하게 그리기 위해서 무려 20미터 높이 위에서, 그것도 4년 8개월이라는 기나긴 기간 동안, 게다가 하루 18시간씩 불편하게 누운 상태로 계속 붓질을 했다. 앞에서 언급한 "우리 아이는 내성적이라서요."라는 말을 부모에게 반복해서 듣고 자란 아이라면 어떨까? 미켈란젤로처럼 4년 8개월을 20미터의 높이에서 매달려 그림을 그릴 수 있을까? 아마 하루도, 아니 1시간도 쉽지 않을 것이다. 이유가 뭘까? 자신이 그것을 할 수 있을 거라는 사실을 믿지 못하기 때문이다. 자기 효능감이란 결국 자신을 믿는 마음을 달리 표현한 말에 불과하다. 미켈란젤로의 업적을 그가 천재이거나 뛰어난 지능의 소유자라서 이룰 수 있었다고 말하는 사람이 많지만, 그게 전부는 아니다. 아무리 위대한 능력을 갖고 있는 사람이라도 스스로 할 수 없다고 생각하면 그의 말대로 정말 할 수 없기 때문이다. 위대한 재능과 천재성은 결국 자기 효능감에서 시작한다. "나는 반드시 그것을 해낼 수 있다."라는 자신감을 갖고 일을 시작한 사람의 눈은 이미 멋진 결과를 바라보고 있다. 미켈란젤로를 뛰어난 예술가로 만든 그 자신감은 어디에서 시작한 걸까?

재능을 꽃 피우는
조언의 힘

어린 미켈란젤로의 집안 형편은 그리 좋은 편이 아니었다. 그는 몰락한 귀족가문의 아들에 불과했다. 더구나 화가라는 직업을 미천하게 여겼던 그의 아버지는 그가 그림을 그리는 것 자체를 원하지 않았다. 어렸을 때부터 뛰어난 재능을 가지고 있었지만, 그는 그런 환경에서 좀처럼 재능을 발휘하지 못하며 아까운 시간만 보내고 있었다. 하지만 그의 재능은 그를 가만 놔두지 않았다. 그는 14살 때 조각 엘리트로 선발되며 메디치 가문과 인연을 맺게 되었고, 얼마 후 대가의 길을 걷게 되는 결정적인 사건이 일어난다. 그는 조각 엘리트로 선발된 후 얼마 지나지 않아 메디치 조각 정원에서 사티로스상을 조각하고 있었다. 이때 우연히 당시 피렌체 공화국을 통치하던 로렌초가 지나가다가 발걸음을 멈추고 유심히 조각을 바라보다가 이렇게 말을 건넸다.

"어린아이가 조각을 아주 잘하는구나. 그런데 지금 사티로스가 꽤 나이가 든 모습인데, 그에 비해서 이빨이 너무 건강하지 않니? 벌써 몇 개는 빠졌을 나이인데."

그렇게 짧게 이야기를 건네고 얼마 후 다시 그 길을 지나가던 로렌초는 깜짝 놀라게 된다. 어린 미켈란젤로가 그의 말을 조각에서 구현하기 위해, 이빨을 몇 개 뽑고 그 내부도 구멍을 내어 정말 노인의 이처럼 만들어놓았기 때문이다. 그는 경탄하며 이렇게 제안한다. "너, 보통 재능이 아니구나, 우리 집으로 가서 체계적으로 예술을 배우는 게 좋겠다."

미켈란젤로는 그렇게 당시 피렌체의 최고 권력가 메디치 가문의 후원을 받아 엘리트 예술가 코스를 밟게 되며, 우리가 지금 아는 대가의 길을 걷기 시작한다. 로렌초의 조언을 듣고 그대로 반영한 어린 미켈란젤로도 대단하지만, 아이의 마음을 움직일 수 있는 근사한 조언을 해준 로렌초가 나는 더욱 위대하다고 생각한다. 결국 그 조언이 훗날 미켈란젤로에게, 앞서 소개한 대작 〈천지창조〉에 자신의 시간과 노력을 모두 투자해 완성할 힘을 주었기 때문이다. 아래는 그가 남긴 말을 내가 교육적 시선에 맞춰 적절하게 편집한 글이다. 필사하면서 아이가 충분히 이해할 수 있게 설명해주자.

"인간은 그의 눈으로 그림을 그리지,
결코 그의 손으로 그리지 않습니다.

우리의 손은 그저 눈으로 본 것을

정교하게 표현해주는 도구일 뿐입니다.

어린 시절 로렌초에게 내가 배운 것은

실로 매우 위대한 것이었습니다.

그는 내게 생생하게 보는 법을 알려줬으니까요.

그의 조언이 있어 차가운 대리석에서 천사를 볼 수 있었고,

그가 자유롭다고 말할 때까지 조각할 수 있었습니다.

좋은 조언은 한 사람이 가진 가능성을 순식간에 깨웁니다."

위대한 지식보다 사소한 표현 하나가
아이의 인생을 바꾼다

부정적 표현과 자유를 억압하는 느낌의 말을 들었을 때 아이는 생각과 행동을 멈춘다. 부모가 아무리 좋은 메시지를 줘도 아이는 받지 않는다. 좋은 지식을 아무리 많이 갖고 있어도 그것을 전달하는 수단은 역시 말이다. 말이 제대로 전달되지 않으면 아이는 어떤 지식 앞에서도 움직이지 않는다. 아이의 자기 효능감이 높아지기를 바란다면, 생각과 행동을 자극할 수 있는 말로 접근하는 게 중요하다.

바로 그렇기 때문에 "네 생각은 틀렸어."보다 "네 생각은 옳지 않아."가 더 효과적인 말이다. '틀렸어'라는 표현은 상황을 강제로 종료하는 느낌을 주기 때문에 아이는 다른 생각을 할 여유를 갖지 못하게 된다. 반면, '옳지 않아'라는 표현은 아이가 스스로 이런 질문을 하게 만든다. "그럼 옳은 선택은 무엇일까?", "옳은 생각을 하려면 어떻게 해야 하지?" 그렇게 조금씩 탐구를 위한 질문을 던진다면 스스로 행동과 삶에 변화를 만들어갈 수 있다. 또한, 그런 변화를 시작한 아이는 사람들의 질문에 "모릅니다."라는 답을 하지 않는다. 대신 이렇게 말한다. "저는 알지 못합니다."

"모릅니다."와 "알지 못합니다." 사이에는 서로 만날 수 없는 인생을 사는 것처럼 큰 차이가 있다. 모른다고 쉽게 답한 아이는 거기에서 노력하기를 멈추지만, "알지 못합니다."라고 답한 아이는 지금 현재 자신이 모르는 이유가 알기 위한 노력을 하지 않았기 때문이라는 사실을 자각하고 알기 위한 노력을 시작하게 된다. 부모에게 배운 것을 실천하고 그것을 일상에 녹여내는 것이다. 스스로 움직여 무언가를 배우고 생각하고 실천하는 아이는 그렇지 않은 아이와 매우 사소한 언어의 차이가 있다. 때론 위대한 지식보다 사소한 표현 하나가 아이의 인생을 바꿀 중요한 전환점이 되기도 한다.

삶의 의미와 목적을
아는 아이는 흔들리지 않는다

1940년, 제2차 세계대전이 일어나 독일군이 파리를 점령하고 생명의 위협을 느낀 많은 예술가들이 미국으로 도망갔을 때, 떠나지 않고 남아서 작품 활동을 지속했던 사람이 있다. 바로 우리가 익히 들어서 알고 있는, 스페인 태생의 입체파 화가 파블로 피카소다. 그는 많은 예술가가 떠난 파리에 남아서 어떤 위협에도 아랑곳하지 않고 계속 그림을 그렸고, 자신이 옳다고 생각하는 사람들을 지지하며 후원까지 했다. 그는 자신이 폭력과 테러에 굴복하지 않는다는 것을 보여줬다.

모든 영역의 예술이 다 그랬던 것처럼, 미술계에서도 크게 변화를 경험했던 시기가 두 번 있었다. 하나는 14세기 이탈리아 피렌체에서 시작한 르네상스라는 파도이고, 다른 하나는 피카소로 시작된 큐비즘(입체파)이라는 작지만 강력한 파도이다. 놀랍게도 한 사람의 힘이 한 시대를 창조할 정도로 강력했던 것이다. 그림을 마치 큐브로 나눈 것 같다는 의미의 큐비즘은 피카소의 그림이 가진 힘이 시각의 파괴력에서 시작한다는 것을 드러낸다. 그는 그리려는 대상을 독특한 시각으로 선별해서 파괴했고, 다시 창조했다. 창조는 파괴에서 시작하고, 파괴력은 흔들리지 않는 강한 내면의 힘에서 나온다. 피카소의 삶에서 추출한, 창조력과 강한 내면을 만드는 3가지 방법을 아이와 함께 읽어보자.

1. 상상할 수 있다면 그것은 이미 현실이다

예술은 없는 것을 만드는 것이 아니라 곁에 늘 존재하지만 미처 발견하지 못한 것을 찾아 모두가 볼 수 있게 하는 것이다. 나는 항상 불가능한 일에 도전하며, 그럼으로써 불가능을 가능으로 만든다.

2. 실천으로 옮기며 조금씩 아름다워진다

그림도 실생활과 같다. 바로 행동하지 않으면 안 된다. 그림은 미리 생각으로 결정하는 것이 아니다. 그리던 중에 사상이 변하면서 그림도 변한다. 그리고 완성 후에도 보는 사람의 마음 상태에 따라 변화한다.

3. 위대한 예술은 언제나 고귀한 정신을 보여준다

여러분은 그림을 그릴 때 가끔 아름다움을 발견할 것이다. 그러나 그것을 지워버리고 몇 번이고 다시 그려야 한다. 지우는 일은 모양을 바꾸고 더 보태서 아름다움을 완성해나가는 과정이다. 예술은 슬픔과 고통을 통해서 나온다.

삶의 분명한 원칙을 세울 때
고귀해질 수 있다

20세기 예술계에서 가장 강력한 영향력을 행사했던 예술가 중 한 명인 파블로 피카소에게는 매우 특별한 삶의 원칙이 있었다. 그가 남긴 삶의 원칙에 내가 덧붙여 만든 글을 아이와 함께 필사해보자. 자기 삶에 대한 분명한 원칙을 정하면, 피카소가 그랬던 것처럼 세상의 변화에 흔들리지 않고 더 고귀한 곳을 향하여 나아갈 수 있다.

"내 삶의 의미는 나에게 주어진 선물 같은 재능을 찾는 것이고,

삶의 목적은 그 재능을 널리 나누는 것입니다.

내게 주어진 재능은 세상이 내게 선물한 것이니,

나는 내 재능을 세상을 위해서 사용하겠습니다."

일상을 떠받치는
초심을 기억하라

10여 년 전 발레리나 강수진을 2주 동안 인터뷰할 기회가 있었는데, 절대 잊을 수 없고 잊히지도 않는 두 장면이 있다. 하나는 마흔이 넘어서도 치열하게 발레를 하는 이유를 묻자 "먹고살기 위해서 한다."라고 말한 그녀의 표정이고, 또 하나는 자신의 발레를 관람하는 사람들을 언제나 "우리 관객님들께서"라는 극존칭으로 불렀다는 것이다. 어떤 예술도 일상에서 벗어날 수는 없다. 나는 차라리 먹고 살기 위해 치열하게 발레를 한다는 솔직한 말에, 그녀가 더욱 근사한 예술가로 느껴졌다. 세계 최고의 위치에 있지만, 자신을 보기 위해 찾아온 고마운 관객 덕분에 현재 자신이 존재한다는 것을 누구보다 잘 알고 오히려 관객을 존경하며 사는 그녀가 누구보다 아름답게 느껴졌다.

우리를 흔들리지 않게 만드는 초심 역시 우리가 발을 딛고 살아가는 일상의 근원을 떠받치고 있다. 하지만 아이와 오랫동안 함께 지내다 보면 처음에 다졌던 마음가짐을 자꾸만 잃게 된다. 그러면서 아이에게 화를 내고 원칙도 자꾸 수정하게 된다. 그럴 때마다 아이가 내게 처음 왔던 날을 기억하라. 매일 당신의 행복을 소망하는 아이를 자주 안아주고 사랑한다고 말해주자. 부모가 자기 원칙을 지키는 모습을 보여줘야, 아이도 그 가치를 느낄 수 있다.

"세상은 자꾸 변하고 유혹은 언제나 우리를 시험하지만,
그럼에도 우리가 초심을 잃지 않고 살 수 있는 이유는
아이를 향한 사랑이 무엇과도 바꿀 수 없을 만큼 소중하기 때문이다."

제2관

사랑

사랑하는 사람의 생각은
더 좋은 답을 선물한다

"영웅도 자신의 몸종에게는 평범해 보인다."

프랑스 속담이다. 이 속담이 무엇을 말한다고 생각하는가? 프랑스에서는 자신감에 대한 속담으로 통한다. 영웅도 보통 사람처럼 평범하니까 모두 자신감을 갖고 살라는 의미다. 하지만 이건 어디까지나 프랑스에 사는 사람들이 정한 사전적 의미일 뿐이다. 생각에 따라 얼마든지 다른 의미로 연결할 수 있다. 생각을 자극해 이런 방식으로 질문을 바꾸면 다른 답을 만날 수 있다.

"왜 영웅은 몸종에게 평범하게 보일까?"

세상이 정의한 어떤 명제가 있을 때, 그것에 대해 자신의 방식으로 질문하며 숨어 있는 의미를 하나하나 분석해나가면 새로운 것을 발견할 수 있다. 몸종에게 영웅이 평범해 보이는 이유가 분명 있을 것이다.

아이와 함께 생각해보자. 이를테면 이런 방식으로 생각할 수 있다.

· 위대한 것도 곁에서 자주 보면 익숙해진다.
· 영웅은 없다. 그저 위대해 보이게끔 연기를 한 것이다.
· 거짓은 오래갈 수 없다. 오직 진실만이 영원하다.

하지만 이 생각들은 내 기준에서 봤을 때 그리 특별한 영감을 주는 것들은 아니다. 여기에서 생각을 완전히 비틀면 아래의 문장이 나온다. 몸종의 시선에서 영웅을 바라보는 게 아니라, 제삼자의 시선에서 몸종과 영웅을 동시에 바라보는 것이다.

"몸종이 몸종인 이유는 위대한 영웅에게서도 위대한 부분을 발견하지 못하기 때문이다. 무엇에도 익숙해지지 말라, 위대한 모든 것에서 멀어진다."

이렇게 하나의 문장도 다르게 바라보면 '나만의 생각을 담은 글'을 쓸 수 있다. 이처럼 세상이 정한 표현에 익숙해지지 않고 더 창의적인 답을 발견하려면 어떻게 해야 할까?

로댕 미술관에 가면 그가 작품 하나를 완성하기 위해 얼마나 많은 노력을 했는지 알 수 있다. 그는 자신이 구상한 완벽한 모습이 나오지 않으면 버리고 다시 처음부터 만들기를 반복했다. 미술관에 가면 그렇게 버려진 작품이 구석에 쌓여 있다. 그 버려진 작품을 보며 나는 그의 내면이 강인하다고 생각했다.

새벽이 자신의 모습을 보이기 시작하면, 그는 창을 열고 모든 과정을 가슴에 담았다. 아직 여물지 않아 귀하고 따스한 그 시간이 그의 지친 영혼을 다시 살게 했다. 우리는 창조를 향한 그의 지치지 않는 사랑을 봐야 한다. 그의 삶은 우리에게 말한다.

"시간을 제대로 사용하면

훗날 시간의 보필을 받고,

사랑을 뜨겁게 전하면

훗날 사랑의 보필을 받으며,

사람을 귀하게 여기면

훗날 사람의 보필을 받는다."

세상에서 가장 강한 사람은 시간과 사랑과 사람의 보필을 받는 사람이니, 삶의 힘을 기르는 본질이 바로 거기에 있다.

생각하는 과정이 어려울수록
더 좋은 답이 떠오른다

〈생각하는 사람〉을 관찰하면 바로 알 수 있는 사실이 하나 있다.

"진짜 힘든 자세로 생각한다."

로댕은 그 이유에 대해 이렇게 말했다.

"자연스럽지 않고 비현실적인 구도로 근육을 강조해 고뇌에 빠진 사람을 표현하려 했다."

생각이란 어려운 작업이다. 〈생각하는 사람〉에서 로댕이 비현실적인 구도로 근육을 강조해 생각하는 사람을 표현한 이유도 거기에 있을 것이다. 반면에 그가 조각의 첫 이름을 〈시인〉이라고 지은 이유는 생각하는 과정은 힘들지만 시인이 그러는 것처럼 생각은 언제나 더 새롭고 좋은 답을 선물해준다는 것을 말하고 싶었기 때문이라고 본다. 로댕은 〈생각하는 사람〉을 바라보며 몇 줄의 글을 남겼다. 그가 남긴 말에, 〈생각하는 사람〉을 바라보며 든 나의 생각을 몇 줄 추가했다.
〈생각하는 사람〉을 마음에 담고 차분하게 필사해보자.

"벌거벗고 바위에 앉아,

발은 밑에 모으고,

주먹은 입가에 대고,

그는 지적인 꿈을 꾼다.

이제 더 이상 그는 몽상가가 아니라,

더 나은 답을 찾아낼 창조자가 되는 것이다.

네가 어디에서 무엇을 만들고 있든

그것을 충분히 사랑하고 있다면

그 과정과 결과를 걱정하지 말자.

네가 그것을 사랑한 시간이

너를 따뜻하게 지켜줄 테니까."

혼자 오래 머무는 시간이 쌓이면
일상은 보석처럼 빛난다

　로댕은 자신과 자신이 바라보는 모든 자연을 사랑하는 사람이었다. 우리가 그에게 배울 것은 창조의 기술이 아니라 창조하려는 마음이다. 그것이 바로 사랑이기 때문이다. 무언가를 제대로 보고 "이것이 나의 작품이다."라는 말을 자신 있게 할 정도의 작품을 창조하려면 반드시 오랫동안 혼자만의 시간을 가져야 하며, 그것은 사랑하는 사람만이 가능한 일이다.

　아이가 혼자 있는 시간을 사랑하게 하자. 영혼을 맑게 하는 새벽의 순간을 멈춰 세우고, 조용히 혼자만의 시간을 즐기는 일상의 가치를 알려주자. 그렇게 사랑한 세월은 사라지지 않고, 우리 삶에 고이 쌓여 언젠가 보석이 된다는 것을 알려주자.

　나라마다 좋은 속담이 많다. 특히 흥미로운 것은, 서로 다른 언어권의 나라에서 한국 속담과 뜻이 통하는 속담을 많이 발견할 수 있다는 사실이다. 인터넷에서 검색하면 많이 나오니까 아이들과 같이 읽으며 그 의미를 내가 한 방식처럼 재구성하면 공부에도 큰 도움이 될 것이다. 어떤 나라에 대해서 궁금하다면 '독일 속담' 등으로 궁금한 나라와 연결해서 검색하고, 의식적인 부분이 궁금하다면 '열정 습관' 등으로 구분해서 검색하면 더 쉽고 빠르게 찾을 수 있다. 검색하는 것도 공부다. 키워드를 적절하게 쓰지 않으면 원하는 정보를 찾는 데 긴 시간이 걸리기 때문이다.

자신을 믿고 사랑하는
예술적 일상의 시작

"너라면 내가 걱정하지 않지."

니체는 누군가에게 든든한 존재, 생각만으로도 마음이 포근해지는 사람, 흔들리지 않고 그 자리를 굳건히 지키고 서 있는 사람으로 살기 위해 노력했다. 그러나 그 모든 것은 저절로 이루어지지 않는다. 같은 말을 듣고 자라도 전혀 반대로 성장하는 사람도 분명 있기 때문이다. 말 한마디로 모든 것이 이루어지면 좋겠지만 현실은 그렇지 않다. 그는 부모님에게 일상에서 다음 4가지에 대한 교육을 받았다.

· 늘 상대의 좋은 점을 봐라.
· 떼를 쓰지 말고 차근차근 설명하라.
· 뭐든 스스로 하는 습관을 길러야 한다.

· 어떤 상황에서도 분노에 자신을 맡기지 말아라.

이것은 하나의 순서와도 같다. 상대의 장점을 보는 아이는 저절로 떼를 쓰지 않고 차근차근 설명하게 된다. 그리고 결국에는 뭐든 스스로 하는 습관도 들이게 되며, 스스로 선택한 일이기에 잘 되지 않아도 쉽게 분노하지 않는다. 그럼 그런 일상을 어떻게 하면 시작할 수 있을까? 언제나 아이가 일상에서 스스로 깨닫고 느끼게 해야 한다. 상대의 좋은 점을 발견하는 연습을 해보자. 요즘에는 아이들이 어릴 때부터 자전거를 타고 있으니 아래 글을 읽으면 깊이 공감할 것이다. 부모와 아이가 함께 아래 글을 충분히 이해할 때까지 읽어보라.

서울에서 자전거를 타면 처음에는 도로 끝이나 자전거 전용 도로로 달리기 시작하지만, 결국 사람이 다니는 인도로 달릴 수밖에 없다. 도로 끝에 자동차가 주차되어 있을 때마다 결국 인도로 이동해야 하고, 자전거 전용 도로를 달릴 때도 자동차가 주차되어 있을 때가 많으니 다시 인도로 이동해야 한다. 자전거를 타본 경험이 없는 사람이라면 "왜 자꾸 인도로 달리냐?"라는 불만을 품을 수 있지만, 세상에 저절로 일어나는 현상은 없다.

자동차를 세울 공간도 없는 밀집 지역에서 자전거를 타게 만드는 것은 혼란과 갈등을 키우는 선택이라고 생각한다. 이런 상황에서 앞으로는 전동 킥보드까지 자전거 전용 도로에서 달리도록 할 계획이라는데, 많은 사고와 거대한 갈등이 눈에 선명하게 보인다. 그렇다고 지방이나 시골길이 안전한 것도 아니다. 자동차가 빠르게 달리는 도로 끝이나 중앙에서 자전거 수십 대가 달리는 모습을 보면 너무 위험해서 아찔한 적이 정말 많다.

집 근처가 한강이라 바로 한강 자전거 도로에 간다거나 동네 슈퍼에 가는 정도가 아니면, 자전거는 한국에서 타기에 좋은 이동 수단이 아니라는 게 내 생각이다. 좁은 골목이 많은 데다 아주 기초적인 도로 교통법도 제대로 지켜지지 않는 한국의 도심에서 자전거는 조금만 방심해도 사고를 당하기 십상인 이동 수단이다.

스스로 결정하고 습관을 만들면 예술적인 삶이 펼쳐진다

이번에는 아이 스스로 자신이 필사할 문장을 만드는 법을 자연스럽게 전해보려 한다. 아이와 함께 천천히 읽고 질문하고 답하며 한 줄한 줄 쓴다고 생각하면서 시작하자. 일단 글을 다 읽었다면 이번에는자동차, 자전거, 걷기 등 글에 나온 이동 수단에 대한 각각의 장점에 대해서 대화를 나눠보자. 보통은 이런 종류의 글을 읽고 나면 자동차나자전거를 타는 사람 또는 보행자를 비난하는 생각이나 말을 하기 쉽다. 각자 자기 입장에서 상대를 비난하게 되기 때문이다. 그러면 앞서말한 상대의 좋은 점을 발견하기 힘들다. 다시 앞의 글을 기억하자.

"상대의 장점을 보는 아이는 떼를 쓰지 않고 차근차근 설명할 줄안다. 그리고 결국에는 뭐든 스스로 하는 습관도 들이게 되며, 스스로시작한 일이기에 잘 되지 않아도 쉽게 분노하지 않는다."

각각의 장점에 대한 이야기를 나눴다면 이제는 두 개로 짝을 이뤄 거리에서 조화를 이루려면 어떻게 해야 할지 이야기를 나누자. 이를 테면, "자동차와 자전거가 서로 원활하게 이동하려면 어떻게 해야 할까?", "자전거와 보행자가 안전하게 이동하려면 어떤 방법이 필요할까?"와 같이 두 가지 이동 수단을 연결해서 둘 다 잘 이용할 수 있도록 방법을 찾게 하는 것이다. 이를 통해 아이는 어떤 상황에서도 떼를 쓰지 않고 차근차근 설명할 수 있게 되며, 스스로 생각을 자극해서 주도적으로 움직이는 습관을 갖게 된다.

아이들이 자신에게 "이 정도면 충분해, 이제 그만 공부하고 나가서 놀자."라고 말하는 것과 성인이 자신에게 "이게 최선이다. 사람들 말처럼 누가 보는 것도 아닌데, 이 정도면 됐지."라고 말하는 것은 서로 같다. 타인의 인정을 받으려 하거나 당장 눈앞에 닥친 문제를 외면하기 위해 현재 상황을 애써 긍정하는 것이기 때문이다. 그런 삶은 예술에 다가갈 수 없고, 반대로 예술을 안다면 그런 삶을 살지 않는다. 예술을 통해 살아가는 방법을 깨닫는 것이 왜 중요할까? 예술은 타협하지 않고 자신의 원칙을 지키는 일에서 시작하기 때문이다.

친구들이 무언가를 하면 보통의 아이들은 서로 따라 하려고 한다. 친구들이 모두 나가서 놀면 별 이유도 없이 뛰쳐나가고, 친구들이 뭔가를 사면 무작정 그걸 사달라고 떼를 쓴다. 만약 아이가 친구들이 샀다고 당장 필요하지 않은 물건을 사달라고 떼를 쓰면 어떻게 해야 할까? 그럴 때 방법은 언제나 하나다. "너는 친구가 산다면 뭐든 살 거야?", "친구가 뱀을 사면 너도 뱀을 살 거니?" 이렇게 반복해서 말해주며 아이가 스스로 무작정 친구를 따라 하는 것이 잘못이라는 사실을 깨닫게 하는 것이다. 그리고 부모가 차분한 목소리로 이렇게 말하며 아이가 자신의 생각을 정리하게 하면 더 효과가 좋다. 그렇게 정리한 것을 아이와 함께 필사하자.

"어떤 선택을 하든, 먼저 시간을 두고 차분히 생각하는 게 좋아.
그게 후회할 가능성을 낮춰주는 가장 좋은 방법이니까.
친구가 소중할수록 더 침착하게 결정해야 한단다.
네 결정이 소중한 친구에게 영향을 미칠지도 모르니까."

원칙에 따라 움직이면
일상은 예술이 된다

선생님에게 주의를 받다가 갑자기 일이 생긴 선생님이 교실을 비우면 아이들은 환호하며 소란을 피운다. 그러나 그 혼란스러운 공간에서도 분명, 선생님이 곁에 있든 멀리 있든 상관없이 같은 자세로 자신이 해야 할 것을 하는 아이가 한 명은 있다. 주변 상황 흐름에 휩쓸리지 않고 차분하게 자신이 세운 원칙을 유지하며 자기 자리를 지키는 아이는 누가 봐도 근사하다. 그런 아이는 부모가 곁에 있든 없든 행동과 말이 다르지 않다. 또한 아무도 자신에게 관심을 주지 않아도 외로움에 힘들어하거나 두려움에 떨지 않는다. 차분하게 자신의 원칙대로 살면 되기 때문이다.

누군가의 인정을 받으려고 자신의 원칙을 버리는 것은 매우 짧은 생각에서 나온 결정이다. 사람들은 세상의 인정을 받기 위해 자기 원칙을 버린 사람이 아니라, 끝까지 자기 원칙을 지킨 사람을 인정하고 존경하기 때문이다. 아이로 하여금 인정을 받기 위해서가 아니라 자기 원칙을 지키기 위해 움직이도록 이끌어라. 그럼 아이는 저절로 자신만 보여줄 수 있는 예술적 일상을 살게 될 것이다.

평범한 사물에서
경이로운 대자연을 발견하는 법

"네, 알겠습니다."

언제나 말대답은 없이 부모의 말을 그대로 잘 듣는 아이를 과연 우리가 생각하는 '이상적인 아이'라고 말할 수 있을까? 말썽을 부리지 않으며 부모 말에 트집을 부리지 않고 그대로 이행하는 아이는 과연 우리가 바라는 이상적인 모습의 아이일까?

물론 부모님의 말에 거역하지 않고 살아가는 것은 큰 덕목 중 하나다. 그러나 그것이 기계처럼 이루어지는 과정이라면, 아이는 "네, 알겠습니다."라는 말만 할 줄 아는 기계의 삶을 사는 것과 같다.

그런 아이에게 없는 것이 하나 있다. 바로 질문이다. 굳이 장소와 지역 혹은 단체 등을 언급하지 않아도, 복종과 억압 혹은 강요된 효와 도덕이 규칙처럼 적용되는 곳에서는 창조적인 생각과 혁신적인 제품이 잘 나오지 않는다. 맹목적이며 절대적인 복종은 창조의 시각으로 볼 때 매우 비생산적인 발상이다.

무엇이든 어느 하나에 대해서 배운다는 것은 그것을 정확히 보는 방법을 배운다는 것과 같다. 그러나 이는 단지 눈으로 보는 것만을 의미하지 않는다. 세상에는 다양한 분야에서 수많은 창조자가 활동하고 있다. 작가도 화가도 마찬가지로 일상의 창조자라고 볼 수 있다. 오래전에 꽃게탕에 대한 글을 쓴 적이 있다. 아이와 함께 차분하게 읽어 보라.

슬픔으로도 배불렀다.
시집을 내고 받은 인세를 들고
오랜만에 마트에서 장을 보다가
라면, 커피, 콜라, 빵
늘 같은 것만 담긴 바구니와
다른 건 잡지 못하는 내 저렴한 손에
스스로 분노하며 돌아선 길,
마치 딱지처럼 붙어 있는 가난에 복수를 하듯
꽃게탕을 먹기 위해 혼자 음식점에 들어갔다.
살아 있는 꽃게 두 마리가 담긴 냄비가 왔고,
처음에는 움직임 없이 평온하게 놓여 있던 둘은
불이 뜨거워지자 마침내 위기를 직감했는지

마지막 남은 힘을 다해 냄비 뚜껑을 긁으며

서둘러 몸을 움직이기 시작했다.

그런데 참 이상하게도 둘의 움직임은

펄펄 끓는 냄비로부터의 탈출이 아니었다.

둘의 움직임은 냄비 끝이 아닌,

가장 뜨거워 죽음에 가까운 중앙을 향했다.

서로 가까이 가기 위해 그들은

야채와 육수 사이를 바쁘게 헤치며 다가갔다.

그것은 사랑이었다.

하지만 무슨 죄를 지었기에

저 둘은 뼈 속에 살을 감추어놓았을까.

아무리 서로에게 안겨도 살의 온기를 느끼지 못하는 둘.

다리 하나가 콩나물에 걸려 더 이상 다가갈 수 없자,

끝내 다리 한쪽을 끊어버리고

그 정도의 아픔은 감수하겠다는 자세로 다가가 안겨도,

적막하게 모든 것이 익어가는 냄비 안에는

사랑이 될 수 없는 둔탁한 뼈 소리가

비명 소리처럼 가득하게 울릴 뿐.

마침내 서로를 뜨겁게 사랑하는 모습으로

둘은 익어버리고,

그 때를 기다린 주인 아주머니 가위질에 조각난 몸,

그때서야 둘의 하얀 살이 뜨겁게 서로에게 안긴다.

그 숭고한 사랑의 풍경을 바라보다가

그렇게 먹고 싶었던 꽃게탕을 냄비째 그냥 두고

죄 없는 소주 한 병 비우고 나온,

그날 나는 슬픔으로도 배불렀다.

관찰은 평범 속의 특별함을
발견하게 해준다

꽃게탕을 먹을 때는 다른 사람들과 같은 시선으로 바라보지만, 꽃
게탕에 대해 글로 쓸 때는 다르게 바라본다. 그게 바로 예술가의 시각
이다. 24시간 내내 다른 시선으로 보는 것이 아니라 필요한 순간에 적
절히 시선의 깊이와 방향을 조절할 줄 아는 것이다.

아이가 평범한 일상에서 대자연의 경이로운 순간을 발견할 수 있
게 하자. 이 과정을 통해 아이는 지금까지 알고 있던 사물을 다시 바라
보게 된다. 배웠지만 배우지 않았고, 오랫동안 봤지만 관찰하지 않았
다는 사실을 깨닫게 되면서, 평범하다고 생각한 것들이 얼마나 특별했
는가를 알게 된다. 그것은 아이 삶에 영원히 지울 수 없는 경이로운 순
간으로 기억될 것이다.

"그냥 보는 것과 제대로 보는 것은 다릅니다.

사물을 정확히 보기 위해서는 깊이 봐야 하니까요.

전보다 더욱 철저하게 관찰하면

비로소 특별한 것을 발견할 수 있습니다.

아무리 사소한 물체라도 무언가를 그리기 위해서는

먼저 충분히 이해하는 시간이 필요합니다.

마치 앞에서 살아 움직이는 것처럼

대상을 생동감 있게 그려야 하죠.

예술은 그것을 먼저 발견하는 자의 것입니다."

시야를 넓혀줄 부모의 질문이
아이의 창의력을 키운다

아이가 방을 어지럽혔을 때 "방 좀 치우자."라고 말하면, 아이 입장에서는 달리 생각할 여지가 없다. "싫어요, 더 놀고 치워도 되잖아요.", 혹은 "네, 알겠습니다."라는 선택지만 있을 뿐이다.

주입식 교육은 생각하려는 아이의 의지를 꺾는 일이다. 복종을 요구할 것이 아니라, 자신의 생각을 끌고 나가는 아이의 의지를 튼튼하게 해주는 것이 좋다. 자신의 의견이 있어야 무언가를 끝까지 할 수 있고, 비록 실패로 끝나더라도 그 과정에서 귀한 경험을 통해 깨달음을 얻을 수 있다.

내가 서로 다른 분야의 책 10권을 동시에 쓸 수 있는 비결에 바로 아이의 창조력을 키울 방법이 있다. 나는 교육에 대한 책을 쓸 때 교육 관련 서적만 참고하지 않는다. 시야를 넓히면 교육이라는 분야 하나에서만 영감을 얻지 않고 99개의 분야에서 영감을 얻을 수 있다. 창의력이 쏟아지는 환경으로 스스로를 데려가는 것이다. 결과를 먼저 생각하지 않고 세상 모든 것에서 가장 좋은 것을 먼저 선택하는 것이다.

아이가 책을 읽을 때도 마찬가지다. 이순신 장군에 대한 책을 읽으면 보통의 부모는 전투와 애국심에 대해서만 묻는다. 이때 시야를 넓힐 질문을 던져주면, 아이의 생각을 전혀 다른 영역으로 이끌 수 있다. "고향에 계신 어머니를 만날 수 없으니 얼마나 마음이 아팠을까?"라는 질문으로 시작하면 아이는 다르게 생각하는 과정을 통해 전혀 다른 부분을 발견하게 된다.

자기 공간의 주인으로
살아가는 아이

부모가 스마트폰에 중독되면 아이도 똑같이 중독자가 된다는 소식이 계속 현실에서 증명되고 있다. 생각해보면 과거에 텔레비전이 처음 나왔을 때도 마찬가지였고, 가정용 게임기가 나왔을 때도 그랬다. 흔히 부모는 "우리는 트렌드를 파악하기 위해 드라마를 시청하는 거야. 너는 들어가서 교과서나 파악해."라는 말로 아이만 다른 공간에 밀어 넣고, 자신은 문명이 주는 각종 유혹에 넘어간다. 부모가 그리도 쉽게 외부 자극에 흔들리는데 아이가 중심을 잡을 수 있을까? 아이는 부모의 삶을 보며 그대로 따라 한다. 틈만 나면 스마트폰을 들고 화면을 본다. 그리고 뭔가를 터치한다. 당장 꼭 확인해야 할 것은 없지만, 일단 아무거나 누르면 재미있는 일이 눈에 가득 들어오기 때문이다. 스마트폰 앞에서 우리는 늘 그렇게 생각하지 못하고 선택을 강요당한다.

요즘 아이들은 예전보다 많이 배우고 신체적으로도 뛰어나지만 단 하나가 부족해 귀한 지식과 체력을 제대로 쓰지 못한다. 그것은 바로 '보는 힘'이다. 달리 말하면 '눈으로 생각하는 힘'이다. 하루는 그림을 그리고 있는 어린 톨스토이에게 어른들이 번갈아 가며 "너 어디 보고 있니?"라고 물었다. 당시 토끼를 바라보며 그림을 그리던 어린 톨스토이는 질문한 어른의 얼굴을 바라보며 "토끼를 보고 있어요."라고 답했다. 주변에 모여 있던 어른들이 같은 질문을 던질 때마다 그는 매번 고개를 돌려 얼굴을 바라보며 같은 답을 했다.

톨스토이의 토끼 이야기는 『부모 인문학 수업』에도 썼지만, 그 책에서는 단편적인 내용만 담았다. 시간이 흘러 나는 톨스토이가 인류에게 전하려고 했던 것의 근원과 본질을 깨달았다. 그는 눈으로 생각하는 사람이었다. 토끼에 몰입하며 그림을 그리고 있던 그를 어른들이 부를 때마다 그는 토끼를 보던 시선을 조금씩 옮겨 어른들의 얼굴을 바라봤다. 이는 무엇을 말하는가? 그가 본 공간의 온도와 어른들의 눈빛과 마음을 그림에 담았다는 것을 의미한다. 그렇게 해서 탄생한 그림이 바로 〈빨간 토끼〉였다. 어린 톨스토이는 빨간 토끼를 그렸고, 이를 수상하게 여긴 어른들은 다시 "세상에 빨간 토끼가 어디에 있니?"라고 물었다. 그때 톨스토이는 모든 어른의 마음을 뒤흔든 답을 내놓는다.

"세상에는 없지만 제 스케치북에는 있어요."

시선의 힘을 기르면
창의력이 자란다

어린 톨스토이는 눈으로 생각하는 힘을 갖추었기 때문에 빨간 토끼를 그릴 수 있었다. 그건 창조력과는 약간 거리가 있다. 다른 사람은 바라보지 않았던(또는 못했던) 것을 그는 차분하게 보며 그대로 그려냈다. 의혹의 색인 빨간색을 사용해 토끼를 그림으로써 "토끼 그림이 뭐 다를 게 있겠어?", "잘 그려봐야 토끼가 토끼지 뭐!"와 같은 답을 자기 안에 담고 있던 어른들의 마음을 표현했다고 생각한다. 그는 상상한 것이 아니라 본 것을 그대로 그렸다. 하지만 주변 사람들의 눈에 빨간 토끼 그림이 매우 창의적으로 보이는 이유는, 눈이 애초에 매우 창의적인 기관이기 때문이다. 아래 글을 필사하며 아이가 스스로 무언가를 바라보는 '시선의 힘'을 체감할 수 있게 하자.

"너 어디 보니?"라는 질문에 우리는 정확한 장소를 답할 수 있습니다.

하지만 그들은 우리가 거기를 보며 무슨 생각을 하는지 알 수 없죠.

또한 바라보는 곳은 시시각각 변하기 때문에,

결국 그들은 우리가 어디를 바라보며 무슨 생각을 하는지 알 수 없습니다.

그래서 그렇게 보고 생각한 것을 그리고 쓰면,

아무도 상상할 수 없는 나만의 그림과 글이 됩니다.

다른 생각이 아이를
공간의 주인으로 만든다

만약 톨스토이가 토끼를 30분 동안 그렸다면 똑같은 질문을 반복해서 받았을 것이다. "너 지금 무얼 보고 있니?" 그의 답도 계속 같았을 것이다. "토끼를 보고 있어요." 답은 같지만 그의 눈은 시간의 흐름에 따라 다른 생각으로 이동하고 있었다. 같은 토끼이지만 전혀 다른 토끼가 그의 눈앞에서 뛰어가고 있었던 셈이다. 그렇게 세상에 이미 존재하는 것을 세상에서 유일하게 혼자만 아는 것으로 만들 수 있다면, 당신은 '다른 것'을 창조할 수 있다.

본다는 것은 입체적인 사색이다. 선명하지 않았던 이미지는 바라보겠다는 의지를 거치며 조금씩 눈에 들어온다. 그때 눈 속에 담긴 것을 그림이나 글로 표현하면 그 공간은 당신만의 것이 된다. 공간을 당신의 텍스트로 바꿀 수 있다면 당신은 어디를 가든 그곳의 주인이다.

다른 가능성을 허락하는 아이가
다른 미래를 발견할 수 있다

"너는 어떤 책을 좋아하니?"

이런 질문에 명확하게 답하는 아이는 흔하지 않다. 어른들 입장에서는 "아니, 이게 뭐 어려운 질문이라고 답을 못하는 거야?"라고 생각할 수도 있다. 하지만 어른들도 같은 질문을 받았을 때 십중팔구는 곧바로 답하지 못한다. 아이든 어른이든 서술형으로 답변할 때는 쩔쩔매지만 단답형으로 답변할 때는 곧장 말이 나오는 이유가 뭘까? 둘 중 하나 혹은 넷 중 하나를 고르면 되는 선택형 질문에 익숙해서 그렇다.

이를테면 온라인 커뮤니티에 곧 나올 책의 표지 후보 이미지를 올리고 의견을 물을 때, 가장 댓글이 많이 달리는 방식은 무엇일까? 4장의 표지 후보에 각각 번호를 매기고 "몇 번이 마음이 드세요?"라고 묻는 질문에 가장 많은 댓글이 달린다. 이유는 간단하다. 별로 생각하지 않고 '1' 혹은 '3' 등의 숫자로 간단하게 답하면 되기 때문이다. 그러나 마음에 드는 표지를 선택한 이유까지 적어달라고 요청하면 댓글은 3분의 1 정도로 줄어든다. 이유를 생각하는 게 귀찮고 힘들어서 그렇다. 여기에 최종적으로 "더 나은 방법이 있으면 적어주세요."라는 요청을 더하면 이제 댓글은 거의 달리지 않는다. 대안까지 제시하려면 너무나 깊은 생각이 필요하기 때문이다.

일상에서 마주치는 각종 상황에서 다른 가능성을 발견하는 아이로 키우려면, 어떤 상황에서 그저 무언가를 선택하는 데 그치는 것이 아니라, 선택한 이유와 더 나아지게 할 방안까지 동시에 생각하게 하는 게 좋다. 그래야 입체적 사고를 통해 일상에서 자연스럽게 가능성을 발견하는 아이로 성장할 수 있고, 자신의 미래도 스스로 선택하고 구상할 수 있다.

프랑스 왕위 계승 문제로 시작한 백년전쟁에서 영국은 무려 11개월 동안 프랑스와 치열하게 싸워 마침내 칼레에서 승리했다. 영국의 왕 에드워드 3세는 오랫동안 자신을 괴롭힌 칼레 군인과 시민에 대한 분노를 대학살로 보여주려 했다가 마음을 바꿔 칼레의 대표자 6명만 처형하기로 결정했다. 그러나 죽기 싫은 마음은 누구나 마찬가지라고 생각한 에드워드 3세는 아무도 선뜻 나서지 못할 거라고 단정했다. 그런데 그때 6명이 나와 "내가 대신 처형당하겠습니다."라고 외쳤다. 게다가 놀랍게도 그들은 칼레 최고의 재력가, 시장, 법률가 등 모두 귀족이었다.

그들은 시민들을 위해 죽기로 결심한 것이다. 남루한 자루 옷을 입고, 맨발에 목에는 밧줄을 매고 죽기 위해 영국군 진지를 찾아 나서는 순간을 묘사한 것이 바로 로댕의 〈칼레의 시민〉이다. 그래서 이 조각상에 담긴 이야기는 '귀족들은 태어나면서부터 타고난 신분에 따른 각종 혜택을 받는 만큼, 윤리적 의무도 다해야 한다.'라는 뜻의 프랑스 말인 '노블레스 오블리주'를 실천한 대표적인 사례로 꼽힌다.

하지만 조각상을 자세히 들여다보면 뭔가 이상한 부분이 있다. 그 순간의 숭고한 모습을 묘사한 것이니 당연히 죽음에 당당하게 대항하는 영웅적인 분위기가 나와야 하는데, 오히려 고뇌하는 모습이 역력하다. 스스로 선택한 죽음을 후회하는 느낌이 들게 만든 이유가 뭘까?

자신만의 해석을 할 줄 알면
아이는 위대함으로 나아간다

로댕은 1884년 칼레시를 위한 기념 조각품을 만들어달라는 요청을 받았다. 보통의 예술가라면 매우 기쁜 일이라 영예롭게 생각하며 최선을 다해 그들의 방식대로 작업했을 것이다. 하지만 로댕이 다른 예술가와 다른 점이 하나 있었으니, 누가 뭐라 지시하든 모든 것을 자신의 생각대로 했다는 것이다. 〈칼레의 시민〉에 등장하는 귀족 6명을 영웅이 아니라 죽음을 두려워하는 보통 사람으로 묘사한 이유도 바로 거기에 있었다. 로댕은 자신이 생각한 대로 묘사했다. 당시에는 역사적인 인물을 조각할 때 영웅적인 모습으로 묘사하는 것이 일반적이었기에, 그의 작품이 더욱 위대하다고 말할 수 있다.

그에게 작업을 의뢰했던 칼레시 담당자들은 결과물을 보고 많이 실망했다. 그러나 그들 몇몇의 입맛에 맞는 작품을 완성했다면, 지금처럼 수많은 대중의 사랑을 받기 힘들었을 것이다. 모두가 단 하나의 방법으로 해석할 때 다른 방식으로 해석할 수 있다면, 그는 자신만의 길을 걸어갈 수 있고 취향이 일치하는 수많은 사람의 사랑까지 받을 수 있다. 로댕은 그의 전 인생을 통하여 모험을 택했다. 그가 위대한 이유는 기존의 관습에 얽매이지 않는 자신만의 방법으로 작품을 창조했기 때문이다. 그가 남긴 말에 내 생각을 덧붙여 쓴 다음 글을 필사하며 같은 것을 다른 방식으로 해석한다는 것이 얼마나 귀한 일인지 아이가 스스로 느끼게 하자.

"모두가 같은 것을 생각할 때,

나는 조금은 다른 각도로 바라봅니다.

내게는 나만의 경험과 시각이 있기 때문이죠.

경험을 현명하게 사용한다면,

어떤 일도 시간 낭비가 아닙니다.

나는 언제나 내 생각을 추구할 작정입니다.

그게 제 경험을 지혜롭게 쓸 수 있는,

가장 현명한 방법이니까요."

생각을 자극하는 질문이
아이를 자기 삶의 주인공으로 만든다

할인 행사를 거의 하지 않던 고급 패션 브랜드 매장에서 할인 이벤트를 한다는 소식이 들리면 그날에는 어김없이 수많은 사람이 매장 앞에 줄을 선다. 30% 할인 이벤트 때문에 다른 지역에서 매장을 찾아온 사람들을 보면서도 아이와 흥미로운 주제로 대화를 나눌 수 있다. 이런 질문을 던지면 어떨까?

"저 사람들은 가방 하나에 200만 원을 주고 살 정도로 부자일까? 아니면 30%를 할인해줘야 살 수 있는 가난한 사람일까?"

이렇게 생각을 자극하는 질문을 받으면 아이의 두뇌는 빠르게 회전하며 자신만의 답을 하나씩 내놓는다. "부자인 것처럼 보이고 싶어 하는 사람인 것 같아요. 정말 부자는 줄 서는 시간이 아까워서 저기 가지 않을 것 같아요.", "부자라면 시간을 더 소중하게 생각하지 않을까요? 줄 서는 시간이면 가방 몇 개를 살 돈을 벌 수 있는데.", "저 가방을 사서 누군가에게 팔면 돈이 되지 않을까요? 부자는 아니지만 기회를 놓치지 않는 사람들인 것 같아요."

그들을 보며 사치품에 정신이 팔린 사람들이라고 비난하는 것은 아이 교육이나 생각을 자극하는 데 전혀 도움이 되지 않는다. 다양한 상황을 제시하고 하나를 선택하게 하는 것보다는, 자기 의견을 제시할 수 있는 무대를 제공해야 한다. 무대만 만들어주면 아이들은 그 위에서 생각의 춤을 추며 즐겁게 놀 수 있다. 부모가 억지를 부리거나 고정 관념을 강요해 애써 만든 무대를 부숴버리지만 않는다면, 모든 아이는 자기 삶의 주인공이 될 가능성을 갖고 있다.

3부

자기 삶의 창조자로
성장하는 아이

: 아이의 세계를 확장하는 가장 좋은 무기

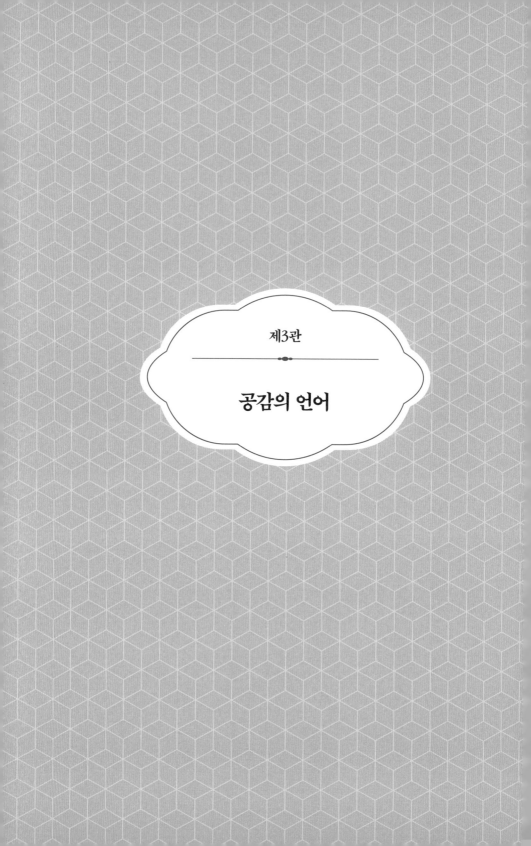

제3관

공감의 언어

스스로 시작한 일을 끝낼 때
그 성취는 빛난다

여기 두 사람이 있다. 한 사람은 평소 매우 호감을 갖고 있는 사람
이고, 다른 한 사람은 그냥 싫은 사람이다. 두 사람이 동시에 카페에 들
어가 커피를 주문하지 않고 입구에 서서 밖을 바라보고 있다. 당신은
그 두 사람을 보며 어떤 생각을 하게 될까? 호감을 갖고 있는 사람을
보면서는 "약속 장소에 조금 늦게 오는 사람이 찾기 편하라고, 친절하
게 입구에 서서 기다리고 있구나, 역시 따뜻한 사람이야."라고 생각할
가능성이 높다. 하지만 그냥 싫은 사람은 똑같이 서 있어도 "사람들 자
주 오가는 입구에서 저게 뭐하는 거냐? 게다가 카페에 왔으면 커피를
주문하고 앉아 있어야지, 정신 사납게. 역시 매너도 꽝이구먼."이라고
생각할 가능성이 높다.

우리는 이렇게 같은 사람이 같은 공간에서 똑같이 움직이는 모습

을 보면서도 전혀 다른 생각을 한다. 좋은 마음은 풍경도 아름답게 만든다. 이유는 간단하다. 싫어하는 마음은 그저 눈에 보이는 것을 나쁜 방향으로 연결해서 생각하면 쉽게 나오지만, 좋아하는 마음은 앞에서 언급한 사례처럼 "저 사람은 누구를 기다리는 걸까?", "왜 입구에 서서 기다리는 걸까?", "저 사람은 왜 이렇게 따스한 걸까?"라는 수많은 이유를 찾아내야 하기 때문이다.

나쁜 마음은 상황을 쉽게 나쁜 방향으로 결론내리도록 이끌지만, 좋은 마음은 어떻게든 상황이나 사람을 좋게 바라보기 위해 자꾸만 관찰하고 이해하려는 시도를 하게 만든다. 그건 바로 아이 삶에 쌓여 특별한 성취를 만드는 재료가 된다. 그게 바로 우리가 아이에게 사람을 사랑하고 상황을 긍정하는 마음의 중요성을 알려줘야 하는 이유다.

16세기 프랑스의 사상가이자 『수상록』의 작가 몽테뉴는, 배움에 대한 강렬한 욕망을 지닌 아버지 덕분에 어려서부터 많은 것을 배웠다.

· 2살 때부터 라틴어를 모국어처럼 익혔고,
· 6세부터 기옌 중학교에서 7년을 공부했고,
· 13세에 툴루즈 대학에 입학하여 법학을 공부한 후,
· 조세법원의 법관에 이어 고등법원의 법관으로 일했다.

여기까지 읽으면 그는 좋은 환경에서 자란 천재이자 엘리트로 보인다. 그러나 그는 스스로 자기 삶에 만족하지 못했다. 다들 부러워하

는 법관을 37세의 젊은 나이에 그만두고 그가 선택한 것은 그야말로 외롭고 쓸쓸한 은둔의 삶이었다. 그때부터 그는 처음으로 자신을 연구하기 시작했다. 그동안 한 번도 해본 적이 없는 자신에 대한 관찰과 탐험을 시작한 것이다. 1년 동안 자발적 은둔 생활을 하며 시작한 사색을 즐긴 후에, 그는 1571년 집필을 시작한 뒤로 10년 동안 글쓰기에 매진한 끝에 1580년 『수상록』의 초판을 출간한다. 결국 그가 어릴 때 보여준 외국어 능력과 각종 성과는 부모의 것이지 그의 것이 아니었다. 물론 그는 위대한 사상가로 살았다. 하지만 그 위대한 삶의 시작은 부모가 주문한 성취와 단절을 선언한 37살 이후의 일이었다. 아무리 사소한 것이라도 아이는 자신이 주도한 일에서 성취를 이루어야 앞으로 나아갈 수 있다. 그 성취가 모여 아이의 삶을 하나하나 만들어나가는 것이기 때문이다.

나폴레옹은 왜 전쟁터에서
『젊은 베르테르의 슬픔』을 읽었을까?

프랑스의 상징 나폴레옹을 떠올리면 곧바로 그가 건설을 지시한 개선문이 생각난다. 파리에는 생각 외로 그의 흔적이 꽤 많다. 일단 1804년 그의 대관식이 있었던 노트르담 성당이 있고, 나폴레옹 박물관이라고도 불릴 정도로 나폴레옹 시대에 컬렉션 숫자가 급격하게 늘어났던 루브르 박물관이 있다. 그리고 1670년에 건립된 '앵발리드'라는 군인 요양소에는 나폴레옹과 관련된 물건들과 1840년 세인트 헬레나섬에서 이송된 그의 유해가 안치되어 있다.

나폴레옹은 생전에 수많은 책을 읽었다. 『손자병법』을 비롯해 그의 전문 분야인 병법에 대한 책도 많이 읽었지만, 전쟁과 전혀 관계없다고 생각되는 분야의 책도 제법 많이 읽었다. 책을 사랑했던 나폴레옹은 전쟁터로 떠날 때 무기와 함께 늘 책도 가지고 갔다. 그에게 최고

의 무기는 세상이 말하는 살육의 도구가 아닌 책이었다. 쉽게 이해할
수 없는 그의 행동을 조금 더 자세히 살펴보면 이렇다. 29세의 나이로
이집트 원정을 떠날 때, 그가 주도해서 챙긴 것은 다음 몇 가지였다.

· 적과 싸워 이길 수 있는 38,000명의 정예 원정군
· 각종 영역에서 활동하는 학자와 예술가 그리고 기술자
· 정치·경제·문화·예술 등 분야를 넘나드는 1,000권의 책

여기에서 끝이 아니다. 그는 생사가 오가는 전쟁터에서 무려 괴테
의『젊은 베르테르의 슬픔』과 보통의 지성으로는 읽기 힘든『파우스
트』를 수없이 반복해서 읽었다. 그 이유가 뭘까? 그는 왜 전투에 집중
해야 할 시기에 한가하게 독서를 하고 있었을까?

나폴레옹은『젊은 베르테르의 슬픔』과『파우스트』를 유럽문학에
서 가장 위대한 작품이라고 생각했다. 그래서 전쟁 중에 추위가 기승
을 부려도 더위로 힘겨워도 괴테의 책을 주머니에 넣고 다녔다. 이동
을 할 때도 그는 말 위에서 책을 읽었다. 이유가 뭘까? 이때 제대로 질
문해야 정확한 지점을 포착해 제대로 배울 수 있다. "왜 그는 전쟁터에
서 책을 읽었을까?"라는 질문이 아닌, "왜 그는 괴테가 쓴 작품을 읽었
을까?"라는 질문으로 시작해야 본질적 이유를 알 수 있으며, 나폴레옹
의 경쟁력이 무엇인지 짐작할 수 있게 된다.

괴테가 어떤 인물인가? 그는 단순히 글만 뛰어나게 잘 쓰는 대문호
가 아니었다. 그는 자연과학자이자 동시에 한 공국의 전반적인 운영을

맡았던 재상이었으며, 색채와 지질 그리고 광석을 연구하는 학자이자 극장을 운영하며 끝없이 예술을 탐구하고 경영까지 책임지던 경영자였다. 그의 모든 작품은 단순히 재능으로 쓰인 것이 아니라, 세상을 바라보는 그의 다양한 관점이 쌓이고 넘쳐 그것이 글이 될 수밖에 없었던 것이다. 그걸 모를 리 없는 나폴레옹은 그 강한 자존심을 버리고, 그를 보자마자 "여기에도 인간이 있군."이라고 말하며 그에 대한 존경심을 표현했다. 그리고 그의 작품을 늘 갖고 다니며 치열하게 읽었다. 거기에는 세상을 바라보는 괴테의 뛰어난 안목이 녹아 있었기 때문이다.

이쯤에서 나폴레옹의 삶을 상징하는 대표적인 말, "내 사전에 불가능은 없다."로 아이와 대화를 나눠보자. "나폴레옹의 말에 대해 어떻게 생각하니?", "나폴레옹은 왜 그런 말을 했을까?" 등의 질문으로 대화를 이어가면 좋다. 아이들은 상상 이상의 답을 내놓을 수도 있고, 예상 가능한 답변을 할 수도 있다. 중요한 사실은 아이가 스스로 자기 생각의 회로를 작동했다는 것이다. 내가 이 말을 꺼낸 이유는 그 말의 의미를 제대로 이해하고 있는 사람이 생각보다 많지 않기 때문이다. 그것은 단순히 긍정의 마음과 실천을 강조하며 승리를 추구하겠다는 의지를 뜻하는 것만은 아니다. 나폴레옹의 삶을 이해하고 있다면, 그것은 오히려 부차적인 문제에 가깝다. "내 사전에 불가능은 없다."라는 말은 "나는 하나의 사물에서 수많은 다른 것을 발견할 줄 아는 사람이다."라는 말과 같다. 이를테면 "세상을 변주하는 내 생각에는 불가능이 없다."라는 뜻에 가깝다. 그는 『젊은 베르테르의 슬픔』에서 전쟁을 승리로 이끄는 새로운 병법을 발견했고, 떨어진 부하들의 기세를 끌어올리는 방법을 찾았고, 전세가 기울어도 포기하지 않고 전진하는 마음의 힘을 찾아내 자신만의 무기로 활용했다. 그는 경쟁하지 않는 장군이었다. 그 힘이 바로 그의 말 속에 있다.

경영을 위해 경영서만 읽는 사람들은 그걸 읽은 수많은 사람과 경쟁해야 한다. 모두가 같은 것을 외우니 자연스럽게 누가 더 많이 암기했느냐로 순위가 나뉘기 때문이다. 하지만 만약 자녀교육서를 읽으며 기업을 경영할 영감을 찾아낸다면, 그 아이디어는 그 사람만의 것이다. 당연히 경쟁하지 않으며 자신이 원하는 것을 자유롭게 실천할 수 있게 된다.

경쟁을 허락하지 않았던 나폴레옹의 삶은 우리에게 이런 조언을 한다.

"나는 전투의 방법이 담긴 병법서 1,000권을 읽은 장군은 두렵지 않다. 내게 두려운 존재는 병법서를 빼고 다른 분야의 책만 100권 읽은 사람이다. 그는 세상 사람들은 아무도 모르는 100가지 병법을 머리에 넣어두고 다니는 장군이기 때문이다."

결국 그는 전쟁 중에 쉬기 위해서 혹은 여가를 즐기기 위해서가 아니라, 반드시 승리하기 위해 전투를 하듯 치열하게 책을 읽었다. 다음 글을 아이와 함께 필사하며 그가 어떻게 스스로 시작한 전쟁에서 승리를 반복했고, 그 안에 어떤 비결이 있었는지 이해하는 시간을 가져보자.

"내 비장의 무기는 아직 손 안에 있다.

그것은 같은 책을 다르게 읽고

다른 분야로 연결할 수 있다는 희망이다.

모든 희망은 언제나 공감에서 시작한다.

처음 보는 것이라도 공감대를 형성할 수 있다면,

우리는 무엇이든 성취할 수 있다.

그것에 대해서 알고 싶다는 마음과

그것을 이해하려는 노력이 중요하다."

대상에 공감할 수 있다면
배우지 않은 것도 발견할 수 있다

우리는 스스로 이해하고 있는 것과 알고 있는 것만 볼 수 있다. 여기까지만 들으면 매우 우울해진다. 그럼 인간은 나아질 가능성이 없는 존재인가? 물론 아니다. 세상의 흐름을 바꾼 수많은 사람들이 자기 삶으로 그것을 증명했으니까. 알지 못하거나 이해하지 못했지만 더 볼 수 있는 방법이 하나 있다. 그건 바로 '알고 싶어 하는 강렬한 마음'이다. 우리는 무언가를 알고 싶다는 마음을 품을 때, 모르는 것도 발견할 수 있는 힘을 갖게 된다. 그걸 일상에서 가장 자주 예술적으로 활용한 사람이 바로 나폴레옹이다. 나폴레옹을 그저 전쟁의 신이나 폭력의 상징으로 생각하는 사람도 있다. 충분히 그런 시각을 가질 수 있다. 하지만 영국의 역사학자 앨리스터 혼은 이런 의견에 반박하며, "나폴레옹이 단 한 번의 전투에도 임하지 않았다 해도 그가 프랑스에 남긴 행정

체제와 시민 개혁만으로 여전히 역사상 가장 위대한 지도자 중 하나로 평가될 것이다."라고 말했다. 그는 군인이나 정치가 등 하나로 규정할 수 없는 매우 다면적인 사람이었다.

사람들은 그의 치열한 행동력을 가장 큰 장점이라고 생각하는데, 그건 본질을 제대로 파악하지 못해서 나온 오판이다. 하나 묻는다. 한 나라를 책임지는 황제가 자신감 하나로 그 혹독한 전투를 진두지휘할 수 있었을까? 그가 그저 "나를 따르라."라고 강렬하게 외쳐서 수많은 군사들이 맹렬하게 전장에 뛰어든 걸까? 시작과 끝을 짐작할 수 없는 드넓은 구상력, 철학과 과학 그리고 예술적 감각까지 혼합해서 독보적인 전략을 만들어내는 지적 능력이 그에게 없었다면, 그는 그렇게 행동할 수 없었을 것이며 어떤 부하도 그를 따르지 않았을 것이다. 그의 자신감은 분명한 근거가 있는 것이었다.

부모들은 아이가 책을 좋아하고 자주 읽기를 바란다. 하지만 그게 잘 이루어지지 않는 이유가 뭘까? 공감력이 부족하기 때문이다. 내용에 공감할 수 없을 때 우리는 그 책에 대한 흥미를 잃는다. 그리고 동시에 아무리 읽어도 도움이 될 만한 것을 발견하지 못한다. 책을 읽을 때는 마치 나폴레옹이 그랬던 것처럼 치열하게, 전투하듯 한바탕 뒤섞여야 한다. 그 안에 깃든 철학이라는 칼과 과학이라는 방패, 논리학이라는 총과 자연과학이라는 대포가 전투를 벌이는 현장으로 들어가 더 이상 도망갈 수 없는 것처럼 맹렬하게 싸워야 한다. 제대로 읽지 못하는 아이는 책을 높이 쌓아두는 걸로 만족하지만, 다양한 분야로 확장해서 읽어내는 아이는 차분한 정신으로 모든 영혼을 즐긴다. 그러므로 일상에서 이런 질문을 자주 하는 게 좋다. "저걸 이해하려면 어떻게 해야 할까?", "조금 더 다가가려면 어떤 방법이 필요할까?" 대상을 이해하려는 노력은 결국 공감하는 마음으로 연결되며, 그 마음속에 배우지 않은 새로운 지식이 손님처럼 찾아온다.

> "부모는 세상을 바라보는 아이의 시각을 결정할 수 있습니다.
> 그것은 누군가에게는 불행이기도 혹은 행운이기도 합니다.
> 분노의 언어로 가득한 가정에서 자란 아이는 화가 가득한 시선으로,
> 소망의 언어로 가득한 가정에서 자란 아이는 희망 가득한 시선으로,
> 그렇게 자신이 자주 보고 느낀 그대로 세상을 바라볼 테니까요.
> 아이에게 공감력이라는 근사한 지적 도구를 전해주고 싶다면,
> 일상에서 긍정적인 마음의 언어를 자주 보여주세요."

글 쓰며 성장하는 아이로 키우는 3가지 대화 습관

언어를 섬세하게 사용하며 자신의 세계를 확장하는 도구로 쓰려고 할 때 가장 좋은 방법은 글쓰기를 통해 자연스러운 변화를 끌어내는 것이다. 매일 변하는 교육 정책과 배워야 할 과목, 날이 갈수록 살기 힘들어지는 세상 그 어디에도 내 아이가 편안하게 쉴 곳은 없는 것처럼 보인다. 하지만 글을 쓸 수 있다면 이야기는 달라진다. 글을 쓴다는 것은 이미 스스로 무언가를 생각하고 있다는 것이며, 주변의 변화에 흔들리지 않을 정도로 주관이 뚜렷하고 탄탄하다는 증거이기 때문이다.

글을 쓰는 재능은 때로 타고나기도 하지만, 부모의 교육과 태도로 길러지는 후천적인 부분이 더 크다. 나는 매우 오랫동안 수많은 아이와 학부모를 만나 대화를 나누며 후천적으로 글쓰기 재능을 기른 아이들의 부모를 연구했고, 그들이 나누는 대화에 비밀이 숨어 있다는 것을 발견했다.

"너 또 말꼬리 잡으면 진짜 혼난다!"

부모가 한마디를 하면 기를 쓰며 지지 않으려고 두 마디, 세 마디를 내뱉는 아이가 있다. 부모 입장에서 아이가 자꾸 말꼬리를 잡으면 짜증이 나고 "나중에 사회 생활을 제대로 할 수 있을까?"라는 고민이 드는 게 사실이다. 그래서 자꾸만 신경이 쓰여 고치고 막을 습관으로만 본다. 물론 나쁜 의도의 말꼬리 잡기는 아이 성장에 좋지 않다. 대신 긍정의 말꼬리 잡기는 아이에게 '불가능한 것들의 가능성'을 생각하게 해줄 수 있어 좋은 영향을 끼친다. 일상에서 아이가 무언가를 시도할 때마다 "그건 정말 불가능해서 곤란해."가 아니라, "그건 연습을 통해 자연스럽게 할 수 있다."라는 식으로 답해주자. 그럼으로써 아이는 긍정의 시선을 배울 수 있을 것이며, 되는 방향의 대화를 이어나갈 수 있게 된다.

아이가 만든 모든 것에
의미를 부여하자

"그게 대체 어디에 쓰는 물건이야?"

"넌 왜 늘 쓸데없는 것만 만드니?"

아이가 무언가를 만들거나 자연에서 얻은 영감을 말과 그림으로 보여주면, "쓸데없는 짓을 하네."라고 타박하는 부모가 있다. 참 쉽지 않다. 마음은 용기와 희망을 주는 표현을 하고 싶은데, 속에서 끓어오르는 분노의 열기를 숨길 수가 없다. 하지만 그럼에도 참고 또 참자. 아이에게 좋은 것을 주려는 마음은 분노를 참을 만큼 가치 있는 거니까. 여기에서 중요한 것은 세상 그 무엇도 쓸모 없는 것은 없다는 사실을 알려주는 일이다. 그래야 아이가 평범한 일상에서도 특별하게 쓸 수 있는 영감을 발견할 수 있다.

"세상에 쓸모 없는 것은 없습니다.

단지 우리가 용도를 정해주지 못했을 뿐이죠.

아직 이름이 없는 사물에 이름표를 달아주면,

그것은 이제 내게 소중한 존재가 됩니다."

메모가 아닌
기록하는 일상을 보내자

이제 대화를 통해 본격적으로 글을 쓰게 할 차례다. 처음부터 "우리 글쓰기 하자."라고 말하면 아이는 어려워하며 선뜻 나서지 못할 수 있다. 처음에는 기록을 한다는 마음으로 접근하는 게 좋다. 일단 메모와 기록이 어떻게 다른지 알아야 한다. 기의 모든 아이가 말은 잘하지만 글은 잘 쓰지 못한다. 그런 아이들의 공통점은 일상에서 기록이 아닌 메모 수준의 글만 쓴다는 데 있다. 메모는 타인의 지식이고, 기록은 나만의 지식이다. 다시 말해 메모는 남이 만든 지식을 받아 적는 일이고, 기록은 대상을 본 자신의 생각을 남기는 일이다. 아무리 많은 것을 알아도 그걸 말로 하지 못하는 이유는 자신의 것이 아니기 때문이다. 자신의 것이라면 언제나 툭 치면 튀어나와 그 사람을 빛나게 만든다. 기록하게 하는 방법은 간단하다. 아이가 책을 읽거나 수업 시간에 무언가를 배울 때, 그냥 필사하거나 받아 적기만 하는 삶에서 벗어나 단 한 줄이라도 좋으니 자기 생각을 추가해서 쓰게 하자. 99줄의 필사보다 중요한 게 바로 아이가 자신의 생각을 쓴 한 줄이다. 그 한 줄이 아이의 인생을 바꿀 수 있음을 기억하자. 부모의 노력과 반복된 시도가 필요한 일이다. 이 모든 과정에 정성과 사랑을 다해야 하며, 포기하거나 멈추고 싶어도 계속해야 한다. 그 이유는 다음 두 줄에 모두 담겨 있다.

"스스로 펜을 세운 아이는,

결코 세상의 바람에 흔들리지 않는다."

아이의 언어 감각은
부모와의 대화에서 시작한다

　아이가 유리컵을 떨어뜨려 깨졌거나, 식사를 하다가 자꾸만 반찬을 바닥에 흘리는 모습을 목격하게 되면 분노의 언어가 밑바닥에서 올라온다. 그때 '부모가 분노하면 교육이 제대로 이루어지지 않는다'라는 사실을 떠올리며 애써 분을 삭이고 이런 식으로 대화를 시작하는 경우가 많다.

　"자, 엄마(아빠)가 하는 말 잘 들어봐."

　차오르는 분노를 내려놓고 차분한 상태로 아이와 대화를 시작하면서 부모는 스스로 '그래, 좋았어. 아이를 비난하거나 억압하지 않고 친절하게 말했으니 아이도 느끼는 게 있겠지?'라고 생각하며 뿌듯한 마음을 느낄 것이다. 이런 대화가 최악의 사례는 아니지만, 그렇다고 최선의 방법은 아니다. 아이들 입장에서는 결국 강요된 듣기이기 때문이다. 직장이나 사회에서 누가 갑자기 나타나 무언가를 가르치려는 표정으로 "자, 내 이야기 좀 들어봐."라고 대화를 시작하면 어떤 기분이 들까? 아이들은 딱 그 기분을 느꼈을 것이다. 일방적으로 듣기만을 강요하는 상태에서는 제대로 대화가 이루어지기 힘들다. 여기서 중요한 포인트를 하나 꼭 짚고 넘어가야겠다.

"억지로 경청을 강요하지 말고,

아이가 잘 들을 수 있는 상황을 포착해서

마음에 닿을 수 있는 표현을 전달하라."

조언을 반기는 사람은 별로 없다. 조언하려는 마음으로 다가오는 모습조차 반갑지 않은 게 사실이다. 그런 부모 밑에서 자란 아이가 성인이 되면 주변에서 이런 평가를 받을 가능성이 높다. "왜 그렇게 자꾸 사람을 가르치려고 해?", "소통하는 센스가 좀 부족한 것 같아." 마음이 잘못된 것이 아니라, 언어를 표현하는 방식을 제대로 잡지 못해서 그렇다. 부모가 들려주고 싶은 이야기만 골라서 대화를 시작하지 말고, 아이 입장에서 볼 때 적절한 때에 듣고 싶을 만하고 흥미가 생기는 주제로 다가가야 한다. 아이가 당신의 이야기를 듣지 않는다고 불평하지 말고, 아이가 늘 다른 생각을 하고 있다는 사실을 기억해야 한다. 부모가 말하면 아이가 하던 행동을 멈추고 부모에게 집중해야 한다는 생각은 옳지 않다. 아이와 대화할 때는 부모의 생각이 아니라 아이가 지금 하고 있는 생각을 발견해서 그것을 대화의 주제로 삼아야 한다.

아이를 자신이 뱉은 말의
주인으로 살게 하는 법

우리는 우리가 내뱉은 말의 주인이다. 하지만 대부분은 말의 주인이 아닌 말의 노예로 살게 된다. 내뱉은 말을 지키기 어렵기 때문이다. 더 자세하게 말하면 도덕성을 유지하기가 힘들기 때문이다. 인간이 다른 인간의 이익을 위해 산다는 것은 매우 상상하기 어려운 상황이다. 말로는 얼마든지 할 수 있지만, 행동으로 옮기려면 수많은 유혹을 이겨내야 한다. 생명은 기본적으로 무언가를 먹어야 하고, 수면을 취할 공간이 있어야 하며, 최소한의 욕망을 실현해야 하기 때문이다. 그 모든 것은 결국 자신의 생명을 위한 선택이다. 그래서 나는 도덕성을 아무에게나 요구하지 말라고 강조한다. 생명을 가진 존재에게 도덕성이란 차라리 외면하고 싶을 만큼 잔인한 언어다. 도덕이 제대로 적용되었다면 지금 존재하는 모든 규칙과 법, 조직과 단체는 아예 탄생할 수 없었을 것이다. 그럴 필요가 없으니까. 아이에게 지금 이 순간에 주어진 일을 제대로 처리하는 것이 얼마나 중요한지 알려주자.

"나중에 커서 뭐가 되고 싶어?"라고 질문하면 아이 입장에서 참 대답하기 힘들다. 그건 사실 어른도 마찬가지다. 왜 어른도 답하기 힘든 질문을 아이에게 묻고 쉽게 답할 수 있을 거라고 생각하나? 아이에게 나중에 하고 싶은 직업을 묻지 말고, 지금 당장 무엇을 하고 싶은지 물어라. 그 질문이 아이를 현실에 집중하게 하며 장기적으로는 아이를 자신이 뱉은 말의 주인으로 살게 하는 좋은 방법이다.

"멋져서 하는 게 아니고,
하다 보면 멋지게 하는 순간이 오고,
그렇게 하면 그게 자신의 직업이 됩니다.
하고 싶어서 시작하면 멋져지고,
멋지게 하다 보면 근사한 직업이 되는 거죠.
빛나서 하는 게 아니라 하다 보면 빛이 납니다."

지성인의 언어를
가르치는 6가지 방법

아이에게 근사한 언어 감각을 키워주려면 부모가 지성인의 삶을
추구하며 살아야 한다. 삶은 곧 그 사람의 언어로 이루어져 있기 때문
이다. 내가 정의한 지성인은 많이 아는 사람이 아니라 자기 말과 행동
의 주인으로 사는 사람이다. 그리고 지성인은 이 원칙을 일상에서 철
저하게 지킨다. 부모가 다음의 6가지 원칙을 지키며 지성인의 삶을 살
면 아이는 저절로 지성인의 언어를 배우게 된다.

1. 나의 행복을 위해 타인을 불행하게 하지 말자

내게 어떤 이득이 생길지라도 최소한 타인을 불행하게 하는 선택
은 하지 말자. 어떤 이득도 타인의 눈물 앞에서는 의미를 잃는다는 사
실을 기억하자.

2. 지식의 숫자보다 실천한 숫자가 귀하다

10개의 지식을 배우기보다는, 하나의 지식을 실천할 10개의 방법에 대한 사색을 즐기자. 지식을 실천할 방법을 찾는 것에 비하면, 지식을 배우는 일은 차라리 기계적인 동작에 가깝다. 실천을 통해 우리는 창조성을 얻는다.

3. 믿을 수 없는 곳에서 믿을 구석을 발견하자

어떤 사람에게 기대를 걸고 있다면 순간의 실수나 실패를 이유로 믿을 수 없는 사람이라고 방치하지 말고, 믿을 구석을 발견하려고 노력하자. 믿음은 멈추지 않는 신념이자 관찰이다. 계속 바라봐야 보이지 않는 부분을 볼 수 있다.

4. 작은 것에서 시작해야 실천할 수 있다

"세계 평화와 조국을 위해서 산다"라는 말은 물론 아름답기는 하지만 너무 큰 욕심이다. 조국을 사랑한다는 말이 오히려 실천할 수 있는 현실적인 태도다. 사랑하자, 그거 하나면 충분히 모두가 행복할 수 있다. 거대한 이상도 좋지만, 실천할 수 있는 사랑을 찾는 일상을 살자.

5. 언제나 생명을 먼저 바라보라

인간은 홀로 살아가는 존재가 아니다. 거대한 자연에서 무언가를 배우려면 자연의 존재를 실감해야 한다. 지성인의 삶은 이 세상에 내가 아닌 다른 생명도 존재한다는 것을 인지하며 비로소 시작된다.

6. 과정을 견디는 시간을 즐기자

자신을 제대로 아는 것은 매우 중요하다. 실천한 적이 없으면서 안다고 하지 말고, 아픈 적이 없으면서 치료법이 있다고 말하지 말자. 그리고 기억하자. 배우고 실천하려는 시도에는 반드시 고통이 따른다. 하지만 모든 지혜는 고통의 시간에서 아주 조금씩 흘러나온다. 고통에서 흘러나오는 지혜가 그 사람의 언어 감각을 끌어올린다.

그리고 찬란하게 사랑하라. 사랑에 뛰어들어, 사랑에 빠져라. 사랑은 모든 지성인이 갖춰야 할 기본 덕목이지만, 배워서 실천할 수 있는 것이 아니다. 오직 한 가지 방법, 사랑에 빠졌을 때만 사랑을 배울 수 있다. 그러니 사랑하라. 사랑하는 자의 오늘은 어제와 다르다. 사랑이 그 사람을 현실에 안주하도록 가만두지 않기 때문이다.

언어의 대가들이
절대 쓰지 않는 표현 하나

한 방송에서 선배 가수가 아끼는 후배 가수의 노래를 감상한 후에 극찬을 하려는 듯한 표정으로 꺼낸 말을 듣고 매우 놀랐던 적이 있다. 그의 표정은 극찬을 아끼지 않으려는 의지가 강렬했지만, 그의 입에서 나온 말은 그 표정의 온도를 전혀 반영하지 못했다.

"너무 좋은 무대였어요. 너무 선곡이 좋았고, 곡을 해석하는 감각 도 너무 좋아서 정말 너무 기쁘게 감상했습니다."

그의 말에는 '너무'라는 부사가 '너무' 많이 출몰했다. 그의 말에서 '너무'를 빼고 다시 읽어보라. 정말 극찬하고 싶다는 욕망을 느끼기 힘 들 것이다. 게다가 스스로도 '너무'를 남발한 것이 느껴졌는지 극찬을 강조하기 위해 마지막에는 '정말 너무'라는 최상급 표현을 사용했다.

'너무'라는 표현은 원래 부정적인 뜻의 단어나 문구를 강조하는 부사였지만, 2015년부터 "너무 좋다.", "너무 예쁘다."라는 식으로 긍정적인 표현에도 사용이 가능하게 바뀌었다. 하지만 중요한 것은 세상이 정한 사소한 변화가 아니다. 언어의 대가들은 자신의 감정을 매우 정확하게 표현하기 위해 '너무'와 같이 들어서 느낌을 짐작할 수 없는 표현은 자제하려고 노력한다. 분명하고 예리하게 표현하려고 노력하는 것은 가치 있는 일이며, 노력할 정도로 의식하지 않으면 자신도 모르게 식상하고 부정확한 표현을 남발하게 되기 때문이다.

독일 지성의 뿌리인 바이마르의 국립극장 앞에는 독일 문학을 대표하는 괴테와 실러의 모습을 조각한 석상이 있다. 두 사람은 동시대에 살며 서로 의지했고, 뛰어난 언어 감각으로 다양한 영역에서 독일의 문화적 성장에 기여했다. 그러나 자극과 분열을 좋아하는 사람들이 늘 그렇듯, 당시에도 괴테와 실러 각자에게 이런 질문을 던지며 반응을 구경하는 사람이 많았다.

"둘 중 누가 더 뛰어난 사람이라고 생각하나요?"

만약 당신이라면 어떻게 답했을 것 같은가? 앞서 소개한 가수였다면 아마 이렇게 표현했을지도 모르겠다.

"너무 애매한 질문이네요. 그는 제가 너무 존경하는 사람이고, 우린 서로 너무 애정하는 사이라서 그 질문에 대한 답은 '정말 너무' 하기 힘드네요."

하지만 괴테는 바로 이렇게 응수했다.

"그런 질문에 앞서, 둘 중 누가 더 뛰어난지 구별할 수도 없을 만큼 뛰어난 사람이 동시대에, 그것도 두 명이나 있다는 사실에 먼저 기뻐하는 게 우선 아닐까요?"

언어의 대가가 사용하는 표현은 언제나 짧고 분명하다. 듣는 사람을 자극하지도 않고 과한 표현이나 과장도 하지 않는다. 자신이 생각하고 느끼는 것을 정확하게 표현할 줄 알기 때문이다.

사소해 보이는
표현의 중요성

괴테는 '너무'라는 표현을 전혀 사용하지 않았다. 그런데 어떤가? '너무'라는 표현이 들어가지는 않았지만, 정말 전하고 싶은 모든 것이 생생하게 드러나 있지 않는가? "너무 존경한다."라는 말만 들어서는 그가 대체 얼마나 존경하는지 알 수 없다. 마음의 깊이가 하나도 느껴지지 않는다. 하지만 괴테는 문학적 동반자인 실러에 대한 존경심과 사랑을 '너무'라는 표현 하나 없이 완벽하게 보여줬다. '너무'라는 부사에는 우리의 마음이 녹아 있지 않다. 언어를 통해 자신의 세계를 확장하려면 모두가 사용하는 언어에서 벗어나 자기만의 표현 방식을 찾아야 한다. 그래야 이 수많은 사람의 말 속에서 자신을 빛낼 수 있다. 다음 글을 필사하며 아이에게 사소하다고 생각하는 언어의 중요성에 대해 말해주자.

"내가 자주 말하는 언어가 쌓여

내가 맞이할 내일의 가치가 완성되고,

내가 자주 바라보는 곳이

내 인생의 방향을 결정합니다.

한 사람의 인생은,

그 사람이 자주 말한 언어와

자주 바라본 풍경의 합입니다."

부모의 언어가
아이의 영혼을 키우는 음식이다

어떤 일을 하든 자신의 일을 예술적으로 표현한다는 것은 무엇을 의미하는 걸까? '너무'와 '대박'처럼 자신의 언어가 아닌 자극적 표현을 사용하지 않고, 정확하면서도 차분하게 자신의 느낌을 언어로 표현할 때, 우리는 그만의 언어를 예술이라고 말할 수 있다.

언어를 사용하지 않고는 살아갈 수 없다. 우리가 일상에서 사용하는 언어가 곧 우리의 살아갈 미래를 결정하는 것이라고 볼 수 있다. 언어의 대가, 다시 말해 자기 삶의 대가들은 결코 '너무'와 같은 표현에 자신의 감정을 맡기지 않는다. 바다처럼 넓고도 깊은 감정을 그렇게 쉽고 간단하게 표현할 수는 없기 때문이다. 우리가 '너무'를 남발하는 이유는 자기 감정을 적절하게 표현할 문장을 생각하는 것이 어렵고 귀찮은 일이라 생각하기 때문이다. 아이는 부모의 언어를 보고 들으며 자란다. 아이에게는 부모의 언어가 영혼을 키우는 음식과도 같은 존재인 셈이다. 늘 기억하자. 부모가 자기 삶에서 '너무'라는 표현 하나만 버려도, 아이가 살아갈 미래는 더욱 풍부해진다.

언어의 색을 만드는
하루 30분 독서법

어떤 시대든 개인의 창의적인 표현을 제한하게 만드는 유행어가 있었다. 요즘도 마찬가지다. "맛이 좋다.", "옷이 잘 어울린다.", "그 사람이 좋다.", "커피 향기가 좋다." 이렇게 서로 다른 의견들을 하나로 아우를 수 있는 표현이 하나 있다.

"대박!"

대박 하나면 어디에서든 다 통한다. 좋은 상황과 아름다운 풍경이 그저 대박이라는 유행어 하나로 통하는 현실에서, 아이들은 자기만의 느낌을 말로 표현하지 않게 된다. 굳이 자신의 복잡 미묘한 감정을 힘들게 말로 표현할 필요성을 느끼지 못하기 때문이다. 편리한 표현이 이미 있으니 아이들은 더욱 생각하지 않는 사람으로 성장한다. 그런 상황에서 굳이 미묘한 맛과 감정을 언어로 표현하기 위해 노력을 할 아이는 많지 않다. 그걸 받아주거나 알아줄 사람도 없는 것이 현실이다. 그래서 세상에는 창조자보다 소비자가 많다. 맛 하나도 자기 방식으로 표현하지 못하는 사람이 대체 무엇을 창조할 수 있을까? 그들에게는 아무리 좋은 것을 보여줘도 그것을 내면으로 받아들여 자신의 것으로 만들 능력이 없다. 아이를 소비자가 아니라 창조자로 키우려고 한다면, 자기 방식으로 생각할 수 있게 부모가 좋은 질문을 던져줘야 한다.

많은 부모가 원하는 아이의 이상적인 모습이 있다. 세상의 변화에 흔들리지 않고 내면이 탄탄한 아이, 남의 소리에 귀는 열지만 마음에는 자기 소리가 분명한 아이, 공부 좀 하라고 말을 하지 않아도 스스로 자기 공부를 하는 아이, 온갖 유혹에 빠져 이것저것 사달라고 보채거나 떼를 쓰지 않는 아이, 이렇게 세상의 거의 모든 부모가 바라는 아이들의 모습을 다 갖춘 아이들에게는 공통점이 하나 있다. 다양한 표현의 언어를 존중하고 어떤 타인의 언어도 자기만의 원칙으로 흡수한다는 것이다. 그래서 언어는 곧 하나의 기회다. 언어의 색이 다양할수록 아이는 그만큼 다양한 삶의 기회를 잡을 수 있다.

하루 30분
독서하는 법

"어떻게 하면 책을 읽게 만들 수 있을까요?"

정말 많은 부모님들의 질문을 받지만, 가장 자주 나오는 질문은 바로 독서에 대한 것이다. 왜 아이들이 책을 잘 읽지 않을까? 책 내용이 마음에 들지 않아서? 독서가 적응이 되지 않아서? 읽기를 싫어해서? 모두 아니다. 이유는 간단하다. 혼자 있는 시간을 견디지 못하기 때문이다. 혼자 있는 시간의 가치를 모르기 때문에 독서를 시작하지 못하는 경우가 많다. 그걸 모르고 자꾸만 다른 곳에서 이유를 찾으니 변화가 이루어지지 않는 것이다. 그래서 나는 하루 30분 독서하는 방법을 추천한다. 하루 30분으로 시간을 한정한 이유는 그게 효과를 내게 할 최소한의 독서 시간이고, 동시에 30분이 가능하다면 얼마든지 시간을 늘릴 수 있어 가능성을 부여할 가장 좋은 방법이기도 하기 때문이다.

일단 30분 독서의 기본 원칙과 철학을 부모가 알고 있어야 한다. 그러므로 이번에는 다음에 나오는 30분 독서의 원칙과 철학을 부모와 아이가 함께 필사하며 그 의미를 마음에 담는 시간으로 만들어보자.

하나, 독서는 자신을 사랑하는 사람만이 할 수 있는 최고의 지적 행위다. 자기 자신에 대한 애정과 믿음이 강해야 30분 동안 혼자 즐겁게 책에 몰입할 수 있기 때문이다.

둘, 읽는 시간 동안 집중하기 때문에 쓸데없는 일을 하며 보내는 시간을 줄일 수 있고, 집중하는 시간을 통해서 무엇이 더 자신을 위해 중요한 일인지 스스로 깨닫게 된다.

셋, 책을 읽고 난 후에 자연스럽게 궁금한 것이 생긴 아이는 스스로 다양한 생각을 하면서 저절로 자기 생각에 다양한 색을 입히는 일상을 살게 된다.

독서로
사색하게 하라

간혹 아이가 책을 읽지 않을 때 억지로 읽어주려는 부모가 있는데, 독서를 권할 때는 핵심을 먼저 파악해야 한다. "아이에게 독서를 권하는 목적이 무엇인가?" 부모가 어린아이에게 책을 읽어주는 것은 애착이나 올바른 인성을 갖추게 하는 데 효과적이다. 그러나 여기에서는 아이의 언어에 다양한 색을 입히는 데 초점을 맞추는 것이 목적임을 기억하는 게 좋다. 부모가 아이에게 책을 읽어주는 이유는, 대부분 아직은 아이가 혼자 책을 읽을 정도로 자신에 대한 애정과 믿음이 없기 때문이다. 그래서 아이 입장에서는 가장 사랑하고 믿는 부모가 책을 읽어주길 바란다. 아예 읽어주지 않고 그 시간을 통과할 수는 없으나, 아이에게 책을 읽어주는 기간은 최대한 단축하는 것이 좋다. 30분 독서의 목표는 스스로 혼자 읽는 것이다. 아이 혼자 책을 읽는다는 것은 자신과 혼자 있는 시간을 자연스럽게 즐길 수 있다는 말이며, 스스로 생각하고 뚜렷한 생각의 색을 가지고 있다는 증거이기도 하기 때문이다.

그래서 30분 독서의 핵심은 끝이 아니라 중간중간에 있다. 아이가 중간중간에 스스로 책을 덮고 질문으로 자신의 생각을 깨울 수 있어야 한다. 책은 다음 장을 넘기기 위해 읽는 게 아니라, 중간에 멈출 부분을 발견하기 위해 읽는 것임을 아이에게 알려주자. 결과가 주는 만족이 아니라 과정에서 자신을 멈추게 하는 사색의 발견이 중요하다.

아이들의 거친 표현의 언어를
아름답게 바꾸려면

다양한 자리에서 부모들에게 가장 자주 들었던 고민은 아이의 언어 표현이 거칠다는 것이었다. 공개적으로 주변 사람들에게 고백을 하지 못할 정도로 거친 표현을 자주 사용하는 아이 때문에 많은 부모가 걱정하고 있는 게 현실이다. 이제 초등학교에 입학하는 아이도 욕설은 물론이고 부모에게 "나는 엄마 아빠가 사고가 나서 다 죽었으면 좋겠어."라는 말도 서슴없이 내뱉는다. 물론 하루 24시간 내내 그런 것은 아니다. 거의 모든 시간은 사랑과 행복이 가득한 마음으로 채우지만, 가끔 아이의 감정이 폭발해서 험한 말이 나오곤 한다.

거친 언어를 쓰는 아이들의 공통점이 있다. 충격적인 이야기지만, 부모에게서 그런 표현을 자주 듣고 살았다는 것이다. 믿기지 않는다면 하루 중 잠시라도 아이와 보내는 시간의 1시간 정도를 녹음한 후에 들어보라. "너, 화장실 불 꼭 *끄고* 다니라고 했지!", "외출하고 돌아오면 세수를 하라고 했어, 안 했어!" 모든 표현이, 특히 억양이 매우 고압적이라는 사실을 알게 될 것이다. 만약 같은 소리를 회사 상사나 친척 혹은 친구에게 듣는다고 생각해보라. 기분이 어떨까? 아이는 당신보다 더 약하다. 바람만 스쳐도 상처가 생길 정도로 연약한 마음을 갖고 있다. 그런데 부모들은 아이들이 비판에 매우 민감하다는 사실을 가끔 잊고 산다.

나는 아이의 언어 표현 문제로 내게 좋은 해결책을 구하던 부모의 행동과 말을 매우 오랫동안 관찰하고 분석한 적이 있다. 고상한 언어를 사용하려고 애를 썼지만, 전화가 와서 다른 장소에서 통화를 할 때, 나와 대화하면서 가끔 아이 생각에 분노할 때마다 매우 거친 표현의 언어가 툭툭 튀어나왔다. 그때 나는 다이어트를 결심한 사람들이 스스로 1일 1식을 한다고 생각하지만 조금씩 나눠서 먹었던 음식을 모아서 크게 보면 결국 1일 3식과 다르지 않았던 것처럼, 부모도 늘 아이에게 사랑과 행복한 미소를 준 것처럼 생각하지만 중간중간 자신의 분노를 참지 못하고 거친 언어를 들려주었을 가능성이 높다는 사실을 알게 되었다.

아이의 마음을 채우는
부모의 언어

부모의 머리에서 내려와 입으로 나온 언어는 아이의 귀를 통해 가슴으로 내려가고, 그 언어가 쌓여 더는 견딜 수 없게 되면 온갖 거친 표현이 되어 입으로 나온다. 아이가 거친 언어를 사용하는 이유는, 아이 성격이 거칠기 때문이 아니라 더는 그 언어를 마음에 쌓아둘 수 없기 때문이다. 거친 언어를 사용하는 아이는 못되거나 나쁜 아이가 아니라, 마음이 상하고 아픈 아이다.

아이들의 거친 언어를 아름답게 바꾸려면, 부모가 사용하는 언어를 아름답게 바꾸면 된다. 부모가 시를 들려주면 아이는 시인이 되고, 부모가 아름다운 음악을 들려주면 아이는 자기 삶의 근사한 연주자가 된다. 이를 아이가 이해하기 쉽게 바꿔서 이렇게 필사하게 해보자.

"나는 환경을 쉽게 바꿀 수는 없습니다.

하지만 좋은 방법이 하나 있죠.

좋은 마음으로 살아가는 겁니다.

내가 세상을 아름답게 바라보면,

세상은 내게 아름다운 것을 주니까요.

오늘 내가 맞이한 세상은,

지금까지 내가 사랑한 순간의 합입니다."

부모의 언어는 아이의 삶을 빚는 철학이어야 한다

"지금 엄마 화나기 직전이야."

"그 사실을 아빠가 알면 어떤 일이 일어날까?"

이런 말로 아이가 저지른 잘못에 대해 언급하는 것도 아이에게는 매우 두려운 일이다. 거친 위협처럼 다가오는 부모의 말에 불안한 감정을 느끼기 때문이다. 그런 말을 하고 싶다는 유혹이 다가올 때마다 우리는 "성장은 언어를 무기로 하여 우리를 둘러싼 수많은 고정관념과 싸우는 전투"라는 사실을 기억해야 한다.

"내가 놀아줄게."

"내가 안아줄게."

부모가 아이에게 자주 하는 말이다. 물론 부모는 따스한 마음으로 말하지만, 듣는 아이가 그렇게 받아들이지 못하면 의미가 없다. 아이는 부모의 말을 듣고 이렇게 생각할 것이다.

'나는 부모님이 시간을 내서 놀아줘야 하는 대상인가?'

'부모님이 어렵게 와서 어쩔 수 없이 안아줄 대상인가?'

아이 입장에서 생각하고 마음 깊은 곳에서 꺼낸 언어를 전하자. 마음의 언어는 우리에게 이렇게 말한다.

"우리 함께 즐거운 시간을 보내자."

"내가 너에게 조금 더 다가가고 있어."

돈과 환경이 아이의 삶에 큰 영향을 미친다고 많은 사람이 말한다. 하지만 세상에는 아이를 키울 때 경제력과 환경보다 더 중요한 것이 하나 있다. 바로 부모의 언어다. 모든 부모는 아이의 삶을 아름답게 만들 수 있다.

"부모의 언어는 아이 인생의 철학으로 남는다."

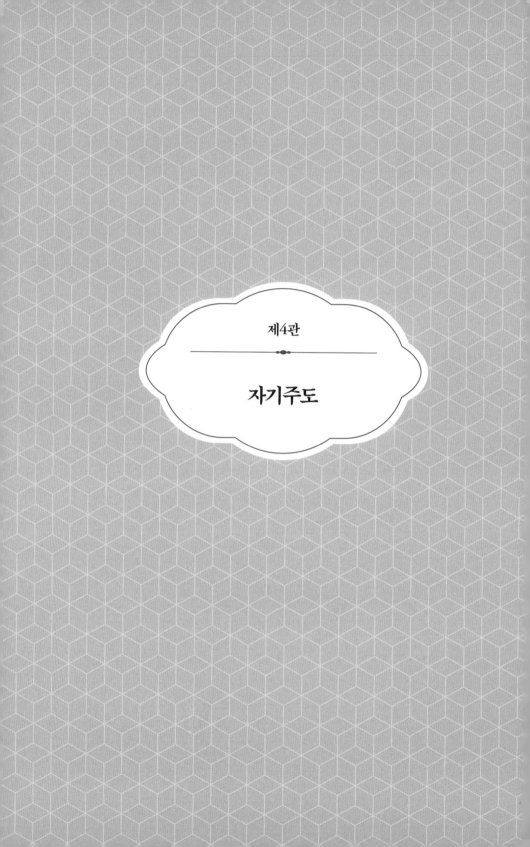

제4관

자기주도

천 개의 빛을 발견하는
아이의 시선은 무엇이 다른가

창의력은 음악계나 미술계에 있는 사람 혹은 글을 쓰는 사람에게만 필요한 능력이 아니다. 창의력은 독특하거나 특별한 능력이 아니라, 결국 같은 일을 다르게 처리하는 독창성이기 때문이다. 다르게 바라보고 다르게 표현할 수 있다면, 언제나 같은 방식으로 일을 처리하는 인공지능과 경쟁하지 않고 이길 수 있다. 같은 게임을 하더라도 창의력을 발휘하는 사람이 승자가 되며, 같은 스카프를 두르고 있더라도 그 방식과 섬세한 손길에 따라 전혀 다른 느낌을 주는 예술가로 살 수 있다. 창의력이란 결국 모두가 같은 재료를 갖고 있는 상태에서 누구도 짐작하지 못한 결과물을 내는 힘을 말하는 것이다.

자전거포에서 생애 첫 자전거를 사서 타는 아이들을 보면 크게 두 갈래로 나뉜다. 제대로 안장에 앉지 못하는 아이가 있는가 하면, 수월하게 안장에 앉는 아이가 있다. 상점에서 아이의 키에 맞게 안장을 조절하는데도 이런 차이가 나는 이유는, 전자에 비해 후자의 아이들에게 문제를 해결하려는 다양한 생각의 힘이 있기 때문이다. 전자는 자전거를 자꾸 바로 세운 후에 앉으려고 하지만, 후자는 오른 다리를 올리며 왼 다리를 바닥에서 떨어지지 않도록 자전거를 약간 기울여 각도를 조절하기 때문에 수월하게 안장에 앉는다. 전자의 비율이 95% 정도이고, 후자는 5% 이하로 희귀하다. 같은 키, 같은 자전거, 같은 경력을 가지고 있어도, 자전거 안장에 앉아 제대로 자전거를 타기까지 걸리는 시간은 아이들마다 모두 다르다. 이건 매우 중요하다. 그게 바로 생각하는 힘, 창의력의 가치이기 때문이다. 안장에 앉을 때 약간 기울여서 타면 쉽게 앉을 수 있다는 사실은 듣기에는 매우 당연하고 손쉬운 조언처럼 보인다. 하지만 그 노하우를 모른 상태에서 그 방법을 생각해내는 것은 매우 어려운 일이다. 세상의 모든 창조는 볼 때는 쉽지만, 늘 매우 어려운 과정을 거쳐 나온 것들이다.

우리가
세상으로부터 받은 선물

한국 최고의 지성 이어령 박사는 "창조란 대체 무엇이며, 당신은 어떻게 그런 능력을 가질 수 있게 되었는가?"라는 나의 질문에 뜻밖에도 이런 답을 내놨다.

"내 지성이 이룬 결과라고 생각했지만 돌아보니 모든 게 선물이었다. 내 집도, 내 자녀도, 내 책도, 내 지성도 분명히 내 것인 줄 알았는데 다 선물이었다."

그는 자녀 교육에도 도움이 될 말을 했다. 짧게 간추리면 이렇다.

"가방을 주셨던 어린 시절 아버지, 그 안에 들어 있던 당시 알코올 냄새가 나던 지우개, 내가 울면 다가와서 등을 두드려주던 어른들이 선물처럼 내 주변에 있어서, 나는 지금껏 이룬 것을 세상에 보여줄 수 있었다."

그는 이미 인간에게 필요한 것은 세상에 다 존재하니 '좋은 것을 발견하는 눈'만 가지고 있으면 된다고 말했다. 그것이 바로 내면의 확장이 필요한 이유이며, 스스로 모든 것을 주도하며 살아가는 아이로 살기 위해 필요한 무기이기도 하다. 아이와 함께 "우리가 세상으로부터 받은 선물을 뭘까?"라는 주제로 대화를 나누며, 이야기에서 나온 것들로 이렇게 짧은 시를 하나 써보는 것도 좋다(아래 시는 실제로 강연회에서 초등학생 아이와 함께 쓴 시다. 아이가 할 수 없을 거라고 단정하지 말고 시도해봐야 가능성을 열 수 있다). 다만 아이와 필사하기 전에 "이거 초등학생이 쓴 시라고 하더라. 너는 왜 이렇게 못 쓰니?"라는 식의 비교하는 말은 하지 않는 것이 좋다. 비교해서 자극하려는 욕망을 버려라. 그것은 문제를 단순히 쉽게 해결하려는 욕심에서 성급하게 내놓은 해법이기 때문이다.

"향기로운 꽃과 탐스럽게 자란 열매는
햇살과 땅이 인간에게 준 선물입니다.
인간은 꽃과 열매에 잠시 물을 줄 수는 있지만,
햇살과 땅처럼 포근하게 열매를 안고
24시간 내내 사랑할 수는 없으니까요.
우리는 수많은 것을 창조하며 살고 있습니다.
그건 마치 자연이 숨겨둔 선물을 발견하는 것과 같죠.
우리가 창조라고 부르는 모든 것은

애초에 이미 주변에 있던 것을 발견해서

각자의 목적에 맞게 서로 연결한 것이죠.

우리에게 필요한 것은 이미 주변에 존재합니다.

없는 것을 찾는 게 아니라 있는 것을 발견한다는 마음으로,

주변을 관찰하며 세밀하게 연구하는 사람이

자연이 준 선물을 가장 많이 발견할 수 있습니다."

작은 배려가 결국
위대한 변화의 시작이다

2011년, 미국 뉴욕에서 열린 'UN 세계 평화의 날' 행사에 참가한 김연아에게 매우 특별한 일이 일어났다. 아니, 그녀의 일이기보다는, 그녀를 지켜보는 우리의 일이었다. 당시 행사장에서 그녀는 시각장애인 가수 스티비 원더 옆에 앉았다. 그런데 스티비 원더가 인터뷰를 할 차례가 되었는데, 이상하게 아무런 소리도 들리지 않았다. 그가 마이크 스위치를 찾지 못해 전원을 켜지 못한 것이었다. 당황하며 비서를 불렀지만 비서도 방법을 찾지 못해 난감한 표정을 짓자, 김연아가 나섰다. 바로 일어나 마이크를 켜줬을까? 아니다. 그녀는 마이크를 켜기 전에 하나의 매우 중요한 과정을 거쳤다. 바로, 스티비 원더에게 "내가 도와줘도 괜찮을까요?"라며 먼저 의향을 물은 것이다. 그가 흔쾌히 승락하자, 그녀는 마이크를 켜줬고 무사히 인터뷰를 할 수 있었다. 그녀의 사려 깊은 행동에 감동한 스티비 원더는, 김연아를 소개하는 아나운서의 말에 크게 환호하며 고마운 마음을 전했다.

"저 사람 너무 지나친 거 아니야?"
"그 정도로 배려할 필요는 없었는데."
간혹 서툰 배려는 사람 마음에 오히려 상처를 남긴다. 도와주겠다는 마음은 나의 것이기에, 먼저 상대가 그것을 원하고 있는지 의향을 물어야 한다. 아무리 좋은 것이라도 상대가 원하지 않는 것을 주면, 오만이자 불손한 행동이 될 수 있다.
"배려는 속도가 아니라, 마음의 기술이다."
내가 왜 이 부분에서 배려에 대한 이야기를 강조할까? 남들이 발견하지 못하는 천 개의 빛을 발견한다는 것은 결국 대상의 마음과 속을 들여다본다는 뜻이기 때문이다. 진정으로 배려할 수 있어야 비로소 그 대상을 안다고 말할 수 있다. 내가 편하려고 하는 것이 아니라 상대를 편안하게 해주기 위함이고, 내가 더 나은 사람처럼 보이려는 것이 아니라 상대를 빛나게 해주려는 마음으로 다가가야 한다. 부모가 배려의 의미를 알아야 아이에게도 배려가 곧 위대한 변화의 시작이라는 사실을 알려줄 수 있다.

"진실한 배려만이 마음을 움직인다.
행복이라는 정거장에 도착하려면,
'배려'라는 열차에 올라타야 한다."

아이의 지적 성장 엔진을
작동시키는 법

　기업이나 정부의 투자를 받기 위해 동분서주하는 청년들을 자주
본다. 그럴 때마다 머릿속에 공부는 아직 시작도 하지 않았는데 멋진
연필과 종이만 책상에 올려놓고, "저, 공부 잘할 수 있어요!"라고 부모
에게 말하며 "100점 맞을 수 있으니 장난감 먼저 사주세요."라고 칭얼
거리는 아이의 모습이 그려진다. 안타깝게도 많은 청년이 자신이 뜻한
것을 실천하기보다는, 실천할 수 있다는 것을 타인에게 증명하는 데
아까운 시간을 쓴다.

　과거에도 그런 청년들이 많았다. 그런 청년을 만날 때마다 괴테는
이런 조언을 아끼지 않았다.

　"청년이라면 가르침을 구하기보다는 자극을 받아야 한다."

단순히 지식을 쌓으려 노력하는 모습이 중요한 게 아니라, 스스로 깨치는 지식이 자기 삶의 보석으로 남는다. 자녀 교육에서 이것은 매우 중요하다. 가르침은 타인에게 받는 것이고, 자극은 스스로 깨치는 것이다. 자극을 받아 뜻하는 바를 실천하면서 우리는 가르침을 얻게 된다. 하지만 이것과 늘 반대로 움직이며, 무언가를 쉽게 얻으려는 청년을 볼 때마다 가슴이 아프다. 투자와 가르침만 구하는 그들의 행동은 하루 세 끼를 배불리 먹으면서 운동도 하지 않고 살을 뺄 수 있다고 주장하는 다이어트 식품 광고처럼 허무하다. "최소한의 노력으로 최고의 결과를 얻겠다."라는 식의 앞뒤가 맞지 않는 생각이다. 실패하든 성공하든, 가르침은 실천을 통해서만 자기 것으로 만들 수 있다.

물론 투자와 가르침이 나쁘다는 말은 아니다. 분명 그런 시도를 통해 성장하는 경우도 있을 것이다. 하지만 뜻이 분명하다면, 자신을 믿고 강하게 추진하는 시간도 필요하다. 뭐든 때와 힘의 균형을 제대로 맞추는 과정이 중요하다. 투자받기 위해 누군가를 설득하기보다는, 스스로 실력을 키워 투자자가 줄을 서게 해야 한다. 물론 그 과정에서 많은 상처를 받게 될 것이다. 실패할 수도 있고 좌절할 수도 있다. 그래도 우리는 자신을 믿고 전진해야 한다. 지식을 대하는 마음을 아이에게 알려줘야 한다. 그래야 자신에게 진짜 도움이 되는 지적 성장 엔진에 시동을 걸 수 있다.

상처를 대하는
4단계 과정

우리는 모두 상처에서 배운다. 모든 아이는 넘어져 까지고 아물며 단단해지는 과정을 통해 걷는 법과 달리는 법을 배운다. 상처의 크기와 깊이가 결국 지식의 깊이와 넓이를 결정한다고 볼 수 있다. 상처를 대하는 마음을 공부하는 것은 정말 귀한 배움이니, 아이가 그 과정을 스스로 인지할 수 있도록 교육해야 한다. 다음 4단계 과정을 거쳐서 교육하면 상처를 대하는 아이의 자세를 가장 현명하게 바꿀 수 있다. 조금 길지만 차분하게 아이와 필사하며 그 의미를 되새기고 마음에 담자. 부모의 역할에 대한 부분이 주요 내용이지만, 그 내용을 아이가 필사하면 부모의 따스한 마음을 알게 되고 색다른 즐거움과 효과를 실감할 수 있을 것이다.

1. 상처는 기회다

아이가 넘어져 다쳤을 때 행동에 주의를 주거나 걱정하는 마음을 전하는 것도 좋지만, 연고를 발라주며 "많이 아프지? 네가 지금 다친 이유는 네가 더 빠르게 뛰는 걸 배우기 위함이란다. 많이 아프겠지만, 많이 배울 수 있을 거야."라고 말해주라. 상처를 대하는 부모의 과도한 행동은, 아이로 하여금 '어제 넘어져 까진 상처가 오늘 내게 성장할 기회를 준다.'라는 중요한 가르침을 깨닫게 할 기회를 사라지게 한다.

2. 아물며 배운다

상처는 쉽게 아물지 않는다. 계속 깨끗하게 소독하고 차분하게 연고를 발라야 한다. 아이와 소통하며 이 과정을 소중한 마음으로 반복하라. 나중에는 아이 스스로 연고를 바를 수 있도록 교육하면 더 좋다. 피가 멈추고 아물어가며 성장하는 고된 과정을 알 수 있게 될 것이다. 모든 상처는 결국 아문다. 그 과정을 알아가는 것은 어려운 공식을 외우는 일보다 귀하다. 스스로 만드는 과정이기 때문이다.

3. 고비에서 조금 더 힘을 내야 한다

상처가 잘 아물지 않는 이유는 낫기 직전에 자꾸 딱지를 떼어내기 때문이다. 이때가 아이에게 자제력을 갖게 해줄 가장 좋은 기회다. 아이와 블록으로 높은 건물을 만드는 것도 좋은 방법이다. 아무리 견고하게 쌓은 블록도 결국 마지막엔 아주 작은 블록 하나 때문에 무너진다. '거대한 다리를 무너지게 하는 것은 깃털 하나의 무게'라는 사실을 알게 하라. 아이는 마지막 고비를 넘는 것의 중요성을 깨닫고, 새살이 나기 직전의 가려움을 참을 수 있는 자제력을 갖추게 될 것이다.

4. 상처가 길이다

모든 과정이 끝나면 아이는 깨닫는다. '어제 넘어진 상처가, 오늘 내가 가야 할 길을 알려줄 살아 있는 멘토다.' 길이 보이지 않는 이유는 넘어진 상처가 없기 때문이다. 지름길은 지도 위에서나 볼 수 있는 것이지, 삶이라는 길 앞에는 지름길이 없다. 상처가 나고 아물며 사라지는 과정을 거치면서 아이는 상처가 길이고 그 안에서만 무언가를 제대로 배울 수 있다는 사실을 깨닫게 된다.

괴테와 니체, 베토벤과 바흐, 칸트, 헤겔, 쇼펜하우어 등 독일을 대표하는 대문호와 음악가와 철학자들의 경쟁력을 한 문장에 담은 독일 격언이 있다.

"자식을 고귀하게 하는 것은 혈통이 아니라 정신이다."

이 위인들의 부모는 사는 환경과 지적 수준, 자식을 대하는 마음 자세가 제각기 달랐지만, 딱 하나 공통점이 있었다.

"스스로 생각하는 아이로 키우겠다!"

모든 인간이 좋은 혈통과 환경을 가질 수는 없지만, 생각은 누구나 갈고닦을 수 있는 가장 강력한 경쟁력이다. 우리가 일상의 상처를 통해 아이의 정신을 고양하는 이유는, 그것이 바로 아이의 지적 성장에 가장 큰 영향을 미치기 때문이다.

부모는 아이의 미래를
결정하는 판사다

많은 부모가 아이를 지적으로 키우기 위해 노력한다. 하지만 그들의 노력이 늘 성공적이지는 않다. 최근 나는 초등학생 아이를 키우는 한 어머니의 충격적인 과거를 알게 되었다. 그녀는 내게 이런 이야기를 들려주었다.

"내게 부모는 없는 게 더 좋았던 존재였다. 어릴 적 부모에게 받은 상처가 아직도 아물지 않았다. 지금도 당시 부모와 닮은 사람을 보면 주눅이 들고 두려워서 피하게 된다. 그들의 말에 악의가 없어도, 내게는 악의적으로 들리기 때문이다."

'한 아이가 제대로 성장하기 위해서는 가족을 잘 만나야 한다.'라고 주장하는 그녀의 마음이 느껴지는가? 당신의 아이가 훗날 이런 글을 적게 된다면 마음이 어떨까? 아이의 미래와 생각과 성격 등 모든 것은 부모의 교육이 큰 영향을 끼친다. 미래가 기대되는 사람으로 기를지, 미래가 두려운 아이로 기를지는 당신이 어떻게 이끄는지에 달렸다. 지금도 당신은 아이를 어디론가로 이끌고 있다.

"부모는 아이의 미래를 결정하는 판사다."

많은 부모가 아이의 키가 작거나 몸이 왜소하다고 걱정한다. 하지만 지적인 크기는 대부분 걱정하지 않는다. 아이의 인생은 외적인 키가 아니라 지적인 크기가 결정한다. 물론 외적으로 건강한 것도 중요하다. 하지만 아이의 삶과 몸을 움직이는 동력은 지적인 크기에 있다는 사실을 기억해야 한다.

모든 중독에서 벗어나게 하는
섬세한 내면

세상에는 수많은 중독이 있다. 그러나 좋은 중독은 없다. 중독이란 무언가에 빠져 스스로 벗어나지 못하는 상태를 말하는 것이기 때문이다. 설령 그 대상이 책이라도 중독되는 것은 좋지 않다. 스스로 주도할 수 없다면 아무것도 소용이 없다. 중독에 빠지지 않으려면 내면을 섬세하게 가꿔야 한다. 섬세하다는 것은 사물과 환경을 아주 세밀하게 분리하고 분석해서 마음으로 바라본다는 것을 의미한다. 그래서 내면이 섬세한 사람들은 언제나 가장 적절한 수준의 결정을 내릴 수 있고, 중독에 빠지지 않는다. 또한, 조금 더 세심하게 많은 일을 처리할 수 있다.

· 포기하지 않고 일을 완수하며,

· 일의 중요성을 인지하며,

· 같은 것을 봐도 다른 것을 발견하며,

· 기대 이상의 결과를 낸다.

내 섬세한 내면은 어린 시절에 할머니와 마주 앉은 식탁에서 나눈 음식의 향연을 통해 형성되었다. 할머니는 당시 우리나라에서 맛보기 힘든 요리를 자주 내게 해주셨는데, 서로 궁금한 것을 묻고 식성을 논하는 경험은 내가 섬세한 내면을 갖추는 데 가장 큰 영향을 미쳤다. 아직 서양식 식사가 익숙하지 않았던 1980년대 초반임에도 할머니는 아침 식사로 노릇하게 구워낸 식빵과 스크램블드에그, 치즈, 양송이 수프, 시럽 등을 식탁에 올리셨고, 그 덕분에 나는 매일 다양한 시도를 할 수 있었다.

· 빵 사이에 치즈를 넣어 먹기도 하고,

· 빵을 찢어서 수프에 적셔 먹기도 했으며,

· 빵 안에 스크램블드에그를 넣어 먹기도 했다.

중요한 건 할머니가 그런 환경을 만들어주셨다는 사실이다. 아이에게 섬세한 내면을 선물해주고 싶다면, 좋은 음식을 자주 접하게 하고 부모가 집에서 다양한 음식을 제공해야 한다. 이건 기술이 아니라 정성의 문제다. 아이들이 반찬 투정을 하면 일에 지쳐 힘든 부모는 대개 이렇게 말하곤 한다.

"그냥 적당히 좀 먹으면 안 되겠니!"

매일 비슷한 음식을 먹으면 아이도 지겹다. 식탁은 최고로 예술적인 활동을 하는 장소다. 새로운 음식이 새로운 생각을 부른다. 조금 힘들더라도 색다른 음식을 접하게 하고, 다른 감각을 깨워주는 게 좋다.

가장 나쁜 경우는 아이가 생각할 가능성을 부모가 먼저 걸어 잠그는 것이다. "나는 그런 말을 한 적이 없는데요."라고 항변할 수도 있지만, 우리는 무의식중에 아이에게 그런 언어를 자주 사용한다. 이를테면 이런 표현들이다.

"남자가 그것도 들지 못하면 어쩌니?"

"여자라면 좀 더 예쁘게 말하고 행동해야지!"

남자와 여자, 고소득자와 저소득자, 내근직과 외근직, 기업가와 직원 등 분류를 나눠서 함부로 정의하는 것은 아이의 섬세한 내면을 망치는 일이다. 아이는 가만히 두면 저절로 섬세한 내면을 갖출 수 있는데, 주변에서 아이가 생각할 여지를 주지 않으면 좀 더 안을 들여다볼 수 있는 능력을 발휘하지 못하고 살게 된다.

아이에게
결정권을 줘야 하는 이유

'타인은 지옥이다'라는 말로 유명한 프랑스 작가 사르트르는 이렇게 말했다.

"많은 것을 바꾸고 싶다면, 많은 것을 받아들여라."

그는 카뮈와 함께 실존주의를 강조한 작가다. 일생을 살며 그가 가장 중요하게 생각하는 것은 자신이었다. 많은 것을 바꾸고 싶다면 많은 것을 받아들여야 한다는 말에서 그가 얼마나 내면을 섬세하게 갈고닦으며 살았는지 짐작할 수 있다. 그러나 그의 어린 시절은 평탄한 삶과 거리가 멀었다. 그의 아버지는 그가 태어난 지 15개월 만에 열병으로 사망하고, 10살이 될 때까지 외할아버지 샤를 슈바이처와 함께 살았다. 그는 어릴 때부터 선천적 근시와 사시斜視로 불편한 삶을 살아야 했다. 게다가 아버지가 사망한 뒤로는 더욱 의기소침한 삶을 살게 될 가능성이 높았다. 하지만 그는 전혀 다른 인생을 스스로 펼쳤다. 특히 그 시절 외할아버지의 교육이 그에게 큰 영향을 끼쳤다. 외할아버지는 일상에서 교양의 중요성을 자주 강조하며 사르트르의 학문적 탐구심을 크게 자극하였고, 사르트르는 외갓집과 외할아버지의 관심을 받기 위해 글쓰기에 점점 전념했다.

사르트르가 평생 실천한 실존주의와 이를 뒷받침하는 섬세한 내면이라는 무기를 가지려면 아이와 부모가 함께 일상을 주도하며 결정하는 행위를 자주 할 필요가 있다. 아래 글을 필사하며 아이에게 결정권을 주는 것이 왜 중요하고, 어떤 방법으로 실천할 수 있는지 스스로 깨닫게 하자.

"요즘 여기저기에서 서로 식당을 추천하지만,

세상이 정한 온갖 식당 리스트는 참고만 하는 게 좋습니다.

중요한 건 나의 선택이니까요.

성공만이 섬세한 내면을 길러주는 건 아닙니다.

부모님과 함께 길을 걸어가며,

서로 마음에 맞는 식당에 들어가서,

함께 메뉴를 선정하고 맛을 즐기는 기쁨이 소중합니다.

설령 맛이 없어도, 실패해도 괜찮습니다.

실패하고 고민하며 나는 어제보다 섬세한 내면을 가지게 되니까요."

매일 새로운 방법을 찾는 아이가
일상을 주도한다

나는 매일 새벽 4시에서 5시 사이에 일어나 원두를 직접 갈아서 커피를 내려 즐긴다. 하루에 딱 한 잔만 마시는데, 그 한 잔을 3가지 방법으로 즐긴다. 처음에는 새벽에 막 내린 뜨거운 커피의 온도와 진한 향기를 즐기고, 몇 시간 지난 후에는 미지근한 온도의 커피를 즐기며 차분하고 평온한 기분을 만끽한다. 그리고 마지막에는 이미 완전히 식어버린 커피에 얼음을 가득 넣어서 차갑게 목을 넘어가는 그 아찔한 순간의 향기를 즐긴다. 커피를 많이 마시지는 않지만, 새벽에 내린 단 한 잔의 커피로 3가지 맛과 향기를 즐기는 셈이다. 인생도 이 한 잔의 커피와 같다. 일상을 새롭게 즐길 방법을 찾아낼 줄 모른다면, 인생을 제대로 즐길 수 없다. 완벽하게 다른 인생도 없고, 매일 새로운 일이 영화처럼 펼쳐지는 인생도 없다. "내 인생은 언제나 지루해, 늘 같은 일상의 반복이야."라는 말은 같은 일상을 다르게 바라보며 느낄 수 없는 자의 하소연일 뿐이다. 심하게 말해, 그들은 자기 일상에 중독된 자들이다. 일상에 중독된 자는 너무나 위험하다. 무언가를 할 의욕과 의지를 완전히 잃어버리기 때문이다.

일상을 주도하며 즐기는 아이와 아무런 의미도 찾지 못한 채 중독된 아이의 삶은 무엇이 다를까? 그것은 공부하는 태도에서도 발견할 수 있다. 일상을 즐기며 주도하는 아이들은 스스로 공부를 해야 할 이유를 매일 찾아낸다. 새롭게 배우고 싶은 게 생기고, 새로운 깨달음이 매일 그들의 일상에 찾아오기 때문이다. 그 아이들은 자기만의 공부 철학을 갖고 있다. 공부 철학이라는 게 말처럼 그렇게 심오한 것은 아니다. 내가 한 잔의 커피를 세 번에 나눠 즐기는 것처럼, 세상에는 분명 무언가를 즐기는 다른 방법이 있다는 것을 알려주면 된다. 예를 들어 매일 아침에 아이가 따듯하게 느껴질 정도의 우유를 마신다면, 뜨겁게도 마실 수 있지만 미지근하게, 또는 차갑게 즐길 수도 있다는 사실을 일상의 경험을 통해 알려주는 것이다. 관성은 중독과 같다. 늘 따뜻한 우유를 마시던 아이가 관성적으로 "엄마 우유가 식었어요, 좀 데워주세요."라고 말하면, "미지근한 우유는 맛이 어떨지 한번 마셔보는 게 어떨까?"라고 말하며 다른 방법을 경험할 길을 열어주는 것도 좋다. 생각을 자극하고 단련하며 그것이 일상에서 자연스럽게 이루어질 때, 아이는 매일 새로운 방법을 찾고 자기 삶을 주도하며 살아갈 수 있을 것이다.

아이의 재능을 지혜롭게 세상에 내보내는 법

아이가 자신의 일을 주도하게 하자는 말을 여기저기에서 정말 자주 듣는데, 대체 그 말은 무엇을 의미하고, 어떤 방법으로 실천할 수 있는 것일까? 아주 간단하다. 일상에서 쉽게 실천할 수 있다. 아이가 걷는 방식, 아침에 일어나 학교에 가는 과정을 자신의 방식에 맞게 행동하도록 하는 것부터 시작하면 된다. 대신 중요한 부분이 하나 있다. "그렇게 하면 비합리적이지.", "그렇게 하면 다들 비웃을지도 몰라." 아이가 어떤 방식으로 일을 주도하든 이런 말은 아이에게 하지 말자. 아이는 합리적인 것을 하는 게 아니라, 자신의 방식을 하나하나 만들어나가는 준비를 하는 것이다. 타인의 비웃음과 비난을 걱정할 필요도 없다. 오히려 부모가 그렇게 말해서 쓸데없는 걱정이 시작될 수도 있다. 아이에게 책임감이 없고 아이의 인성이 제대로 형성되지 않은 이유가 바로 거기에 있다. 자신의 방식으로 일을 처리한 경험이 없으므로 책임감을 가질 필요가 없었기 때문이다. 또, 무엇에도 책임감을 느끼지 못하니 일과 관계에서 도덕성을 기대할 수 없다. 모든 것은 그렇게 하나로 이어져 있다.

사람들은 모차르트를 천재라고 부른다. 하지만 내가 주목하는 부분은 그럼에도 그가 더 나아지기 위해서 "어떤 방법으로 자신을 갈고 닦았는가?"다. 나는 그가 대가로 성장하는 데 크게 두 가지 사건이 결정적인 영향을 줬다고 생각한다. 그런데 그 모든 것이 그와 그의 아버지가 의도한 부분이라, 그처럼 자신의 재능을 발견해서 크게 키우는 데 관심 있는 이들에게 희망을 준다.

먼저, 어린 모차르트도 프롤로그에서 소개한 '그랜드 투어'를 아버지가 주도해서 떠났다. 정확하게 같은 코스는 아니었지만, 두 사람은 이 지적인 여행을 통해 매우 중요한 부분에서 성장을 이루어냈다. 바로 '최고를 향한 갈망'을 키워낸 것이다. 어린 모차르트는 자신보다 위대한 연주가와 작곡가를 만나며 자신의 부족한 부분을 발견했고, 동시에 성장을 갈망하게 되었다.

그리고 또 하나는 '새로운 것을 향한 열망'이었다. '요아네스 크리소스토무스 볼프강구스 테오필루스 모차르트'라는 세례명으로 자신의 이름 역사를 시작한 그는, '요아네스 크리소스토무스 볼프강 고틀리프'라고 고쳐 불렀다가, 다음에는 중간 이름만 사용해서 '아마데'라고 했다. 그러나 다시 결혼을 앞둔 어느 날, 자신을 '볼프강 아담 모차르트'라고 바꿔 부르게 했다. 이름은 그 사람을 나타내는 가장 중요한 요소다. 과거와 단절하고 새로운 시작을 원할 때마다 사람들은 가장 먼저 이름을 바꾸기도 한다. 모두가 그런 것은 아니지만, 절실할수록 개명의 확률은 높아진다. 어린 모차르트는 이름을 바꿀 때마다 새로운 세계에 대한 강렬한 열망을 품었다. 단지 새로운 시각에 의지하는 데 그치지 않고 조금 더 강력한 것을 끊임없이 바랐던 것이다.

아이를 천재로 만든
열망과 몰입

세상에 천재는 많다. 그들은 모두 자기 분야에서 특별한 것을 생산하며 자신의 천재성을 뽐낸다. 많은 부모가 "우리 아이에게도 저렇게 멋진 천재성이 있다면 얼마나 좋을까?"라며 부러운 마음으로 그들을 바라본다. 그러나 안타깝게도 자신의 아이에게도 그런 천재성이 있음을 알아차리지 못한다. 모차르트 역시 마찬가지다. 그를 단순히 천재로 치부하면 아무것도 배울 것이 없지만, 그 안에 어떤 재료가 있었는지 관찰하고 연구하면 내 아이의 천재성을 깨울 좋은 방법을 찾아낼 수 있다.

앞서 알아본 것처럼 '최고를 향한 열망'과 '새로운 것을 향한 열망' 이 두 가지 열망이 어린 모차르트를 세기의 천재 음악가로 키웠다. 모차르트는 그의 나이 23세가 되던 1778년 2월, 아버지 레오폴트에게 아래와 같은 편지를 받았다. 이 내용을 아이가 필사하게 하자. 필사하기에 앞서 모차르트가 작곡한 곡을 몇 곡 들려주면 더욱 좋다. 아이가 인물에 감정이입을 할 수 있어 필사에 도움이 되기 때문이다.

"어린 시절 너는 아이라기보다는 오히려 어른같았다.

네가 피아노 앞에 앉아 있거나 음악 감상에 몰두하고 있을 때면

아무도 너에게 농담조차 걸 수 없었다.

엄숙한 네 연주와 진지하게 생각에 잠긴 네 얼굴을 지켜보며

수많은 나라의 사람들은 감탄하지 않을 수 없었단다."

아이가 진지한 시간을
보낼 수 있게 하라

내가 여기에서 분명히 전하고 싶은 내용은 이 한 줄이다. "어떤 위대한 재능도 진지한 시간을 거치지 않고는 열매를 맺을 수 없다." 모차르트는 어릴 때부터 '최고를 향한 열망'과 '새로운 것을 향한 열망'을 일상에 녹여낸 삶을 살았다. 그 덕분에 저절로 창조의 가장 큰 무기인 '진지한 자세'를 갖출 수 있었다. "넌 좀 진지하고 차분하게 책을 읽을 수 없니?"라고 채근하듯 아이를 달래는 부모가 많다. 그러나 그런 말은 결국 다툼을 부를 뿐, 아이가 진지한 자세를 취하게 하는 데 도움이 되지 않는다. 차분한 모습으로 진지하게 자기 일을 한다고 어른스러운 것이 아니다. 아이에게 필요한 것은 어른스러운 진지함이 아니라, 모든 사물을 흥미롭게 바라보는 아이다운 모습을 간직한 진지함이라는 사실을 기억하자.

제5관

질문

아이가 스스로 질문을 바꾸면 기적이 일어난다

이 이야기는 『아이를 위한 하루 한 줄 인문학』에도 소개했지만, 워낙 중요하게 생각하는 부분이라 내용의 결을 조금 달리해서 다시 소개하려 한다. 내가 존경했던 시인에 대한 이야기다. 매티 스테파넥이라는 미국의 꼬마 시인인데, 안타깝게도 근육에 힘이 빠져 죽음에 이르는 '근육성 이영양증'으로 평생 아파하다가 결국 열세 살에 세상을 떠났다. 태어날 때부터 휠체어와 인공호흡기를 달고 살았고, 어른에게도 고통스러운 신장 투석을 매주 1회 이상 받아야 했지만, 사랑스럽게도 꼬마 시인은 끝까지 용기와 희망을 잃지 않았다.

오히려 꼬마 시인은 그 아픔을 다섯 권의 시집으로 세상에 남겼는데, 진실한 마음을 담은 그 고귀한 책들은 모두 뉴욕 타임스 베스트셀러 1위를 차지했다. 그 힘은 어디에서 왔을까? 정말 놀라운 일이다. 사람들은 결코 어떤 대상이 불쌍하거나 안타깝다고 책을 구매해주지는 않기 때문이다. 사람들의 마음을 이끈 그 힘의 중심에 바로 이 문장이 있다.

"간절히 희망을 원하는 분들, 그중에서도 어린이들과 그 가족에게 이 시집을 바칩니다. 비바람이 지나가고 나면 다시 뛰어놀 수 있다는 사실을 잊지 마세요."

꼬마 시인이 쓴 문장에서 무엇이 느껴지는가?

열 살도 되지 않은 꼬마가 썼다는 게 믿어지는가?

사실 이런 글을 쓴다는 것은 어른에게도 힘든 일이다. 실제로 이런 마음으로 살지 않으면 나올 수 없는 글이라서 그렇다. 마음을 울리는 글은 마음으로 살아가는 사람만이 쓸 수 있다. 꼬마 시인은 자신에게 주어진 시간을 100% 활용하며, 무엇이든 도전할 수 있고 이뤄낼 수 있다고 생각했다. 게다가 그는 사는 내내 몸보다 무거운 거대한 기계를 등에 지고 살아야 했다. 그게 없으면 잠시도 생명을 유지할 수 없었다. 그렇지만 그 사실에 불평하거나 희망을 잃지 않았다.

질문을
창조하게 하는 교육

결코 쉬운 삶은 아니었다. 아이의 입장에서 생각하면 꿈꾸기보다는 불행을 받아들이는 것이 오히려 당연한 상황이라고 생각할 정도니까. 그러나 모든 고통을 이겨내며 이 멋진 인생을 살아온 꼬마 시인은, 열세 살에 세상을 떠나며 이런 말을 남겼다.

"저, 충분히 잘해온 거죠?"

감동하지 않을 수 없었다. 대체 무엇이 이 아이의 생각을 이토록 근사하게 만들어준 걸까? 이에 대한 답은, 꼬마 시인이 열두 살 때 출연한 〈래리 킹 쇼〉에서 남긴 멘트에 모두 담겨 있다.

"왜 내가 아니어야 하는가?"라는 질문이 아이의 인생을 바꿨다. 아이는 자신에게 주어진 불행을 희망으로 바꾸는 질문을 던져 고통과 슬픔을 완전히 사라지게 만들었다. 어른도 쉽게 할 수 없는 "왜 내가 아니어야 하는가?"라는 질문은 아이의 삶에서 변명하는 태도와 자책하는 마음을 사라지게 만들며 희망을 꿈꾸게 했다. 스스로 자기 삶을 개척한 것이다. 언제까지 부모가 아이를 따라다니며 챙길 수는 없다. 그래서 신은 질문을 창조했다. 아이가 자신에게 닥친 문제를 멋지게 해결할 질문을 창조하게 하자. 그것은 어떤 교육보다 위대한 가르침이다. 아래 글을 아이와 함께 필사하며 꼬마 시인의 숭고한 마음을 느껴보라.

"때때로 나는 세상에 묻습니다.
이 수많은 사람 중에서,
왜 내가 아파해야 하는가?
왜 내가 그렇게 힘든 삶을 살아야 하나?
그리고 다시 이렇게 질문합니다.
왜 내가 아니어야 하는가?"

질문이
아이의 세계관을 바꾼다

    질문을 바꾸면 아이의 세계관을 통째로 바꿀 수 있다. 질문은 그 사람을 움직이는 시스템에 막대한 영향을 주기 때문이다. 이를테면 공부는 모두에게 힘든 일이다. 왜 그럴까? "성적 어떻게 나왔니?", "학교에서 뭘 배웠니?", "요즘에는 무슨 과목이 힘드니?" 모두가 공부를 어렵고 힘들게 만드는 질문이다. 이런 질문을 평생 받고 자랐으니 공부는 힘든 것이라는 공식이 하나의 세계관으로 형성된 것이다. 최대한 어릴 때부터 그 세계관을 다른 방향으로 잡아줄 필요가 있다. 이런 식으로 질문을 바꾸는 것이다. 학교에서 돌아온 아이에게는 "오늘은 학교에서 어떤 것이 너를 기쁘게 했니?"라는 질문을 던지고, 등교하는 아이에게는 "오늘은 또 어떤 즐거움이 너를 기다리고 있을까?"라고 질문하며 지식을 배우는 과정이 인생에 즐거움을 추가하는 일이라는 인식을 심어주면 아이들은 결코 공부를 힘든 대상으로 여기지 않을 것이다.

세상에 쓸모 없는 인생은 없다. 또한, 포기할 인생도 없다. 질문이라는 가장 귀한 수업을 아이와 나누자.

"질문은 우리의 삶을 바꾼다.

지금 무언가를 고민하고 있다면,

질문을 멈추지 말고 반복하라.

질문할 수 있다면,

더 나은 답을 찾을 수 있다."

아이는 스스로 정의한 단어만 탐구할 수 있다

모든 부모는 아이를 키울 가장 좋은 방법을 갖고 있다, 다만 아이가 태어날 때까지만. 아이가 울 때마다 마음이 바뀌고, 아이가 커서 유치원에 가고 초등학교에 입학해서 공부를 시작하면 주변 사람들의 참견에 또 마음이 변한다. 부모의 마음속에는 좋은 생각이 많지만, 분명한 원칙을 세우고 아이를 키우지 않으면 바람을 따라 휘청이는 갈대처럼 흔들리다가 세월을 다 보낼 수도 있다. 수많은 계획은 자취도 없이 사라지고, 육아에 바빠 생각할 틈도 없이 시간을 보낸다. 그러다 보니 당장 좋다는 것만 하면서, 즉시 효과가 나는 것들에만 의지하게 된다. 하지만 세상의 모든 변화를 탐구하는 눈으로 바라볼 수 있다면 이야기는 달라질 수 있다. 탐구는 내가 사는 주변의 가치를 발견하는 일이기 때문이다. 물건도 공간도 사람도 추억도 모두 마찬가지다. 그러나 그것이 그저 그렇게 하고 싶다고 되는 것은 아니다. 스스로 생각하며 탐구하는 아이로 키우기 위해서 부모가 가장 먼저 해야 할 행동은 '일상에서 자주 사용하는 단어를 자기 방식으로 다시 정의하기'이다. 주변에서 자주 사용하는 일상의 언어를 자기 생각에 맞게 재정의하며 아이들은 주변에 존재하는 것들을 탐구하는 재미를 알게 된다.

이를테면 '정리 정돈'이라는 말이 있다. 어른들도 마찬가지지만, 아이들은 왜 정리와 정돈을 따로 쓰지 않고 하나로 붙여서 사용하는지 모른다. 이렇게 일상에서 가장 자주 사용하는 언어에 대한 의문을 던지며 단어 탐구를 시작할 수 있다.

"정리와 정돈은 같은 뜻인 것 같은데 왜 같은 의미의 단어 두 개를 동시에 사용하는가?" 이런 질문을 할 수 있으려면 먼저 세상 모든 것에 저마다 이유가 있다는 사실을 자각하고 있어야 한다. 그래야 질문할 공간이 보인다. 그러면 아이는 정리와 정돈을 따로 분리해서 각자 단어에 맞는 정의를 할 것이다. 가령, '정리는 사람들이 보기에 깨끗하게 치우는 것이고, 정돈은 내가 알아보기 편히게 치우는 거다.'라는 정의를 내릴 수도 있을 것이다. 그럼 부모는 아이가 내린 정의를 존중하며 실제 세상이 정한 의미를 알려주고 아이가 지식도 쌓을 수 있게 도우면 된다. 이 과정은 정말 소중하다. 스스로 정의한 단어는 자신의 것으로 평생 남기 때문이다. 더 많은 단어를 정의하면 자기 삶에서 사용할 수 있는 단어가 많아진다.

단어를 스스로 정의하는 훈련을 반복하면, 이제 아이의 독서도 예전과는 비교할 수 없을 정도로 더 깊고 넓어진다. 여기에서 나는 반복

독서를 추천한다. 아이들은 같은 책을 반복해서 3번 이상 읽어야 비로소 책에 나오는 인물과 상황에 대해서 이해할 수 있다. 이해하게 되었다는 것은 호기심이 생겼다는 말이며, 동시에 탐구를 시작하게 되었다는 것을 의미한다. 아이들은 탐구를 시작하며 비로소 질문거리가 자기 안에 차오르는 현상을 경험하게 된다. 스스로 찾아낸 사실이 있다면 그것을 증명하기 위해 질문을 창조하고, 그 행위를 반복하며 책을 더 깊이 이해할 수 있게 된다.

아이에게 간섭하지 않고
조언과 관심을 주는 법

정리와 정돈을 앞서 예로 들었으니 이번에는 유사한 예로 하나 더 들어보자. '어지럽힌 방'과 '지저분한 방'은 서로 다르다. 두 가지 표현에 대한 정의를 먼저 확실히 해야 한다. 어지럽혀 놓은 방은 아이만의 분명한 규칙으로 정돈된 상태일 수도 있지만, 먹다가 버린 음식이나 더러운 상태의 옷이 널브러져 있다면 아이만의 규칙과 상관없이 지저분한 상태라고 할 수 있다. 지저분한 방을 청소하거나 치우라고 말하는 것은 조언이나 관심이지만, 어지럽힌 방을 아이의 동의 없이 치우는 행위는 아이 입장에서 간섭으로 느낄 가능성이 높다. 부모가 먼저 그 기준을 정확히 잡아야 아이가 혼란스럽지 않게 일상을 탐구하며 자신의 생각을 성장시켜 나갈 수 있다. 결국 독서도 일종의 탐구 행위 중 하나다. 탐구력이 없다면 책을 아무리 잡고 있어도 눈에 들어오지

않는다. 아래 글을 필사하며 탐구하는 아이의 일상이 시작될 수 있게
하자.

"세상에는 단어가 참 많습니다.

그것들은 대개 세상이 이미 의미를 정했지요.

하지만 세상에 다양한 사람이 존재하는 것처럼,

같은 단어도 저에게는 다른 의미로 쓰일 수 있습니다.

주어진 단어를 내게 맞게 다시 정의하면서,

나는 단어 하나를 제대로 알게 됩니다.

우리는 스스로 정의한 단어만 제대로 쓸 수 있습니다."

아이 스스로 공간 관리를 해야
탐구력이 발산된다

무언가를 치열하게 탐구하는 자세는 억지로 끄집어낼 수 있는 것이 아니다. 쉽게 말로 설명할 수는 없지만, 그럼에도 무언가를 전해야한다면 가장 중요한 것 중 하나로 그 사람이 머물고 있는 공간을 꼽을수 있다. 그리고 그 공간은 자신의 탐구력을 발산하기에 가장 알맞게설정되어 있을 가능성이 높다. 특히 아이들은 더욱 그렇다. 늘 새로운것을 발견하고 그것을 생각하며 살아가기 때문이다. 그래서 아이들이자주 머무는 공간은 특별한 관리가 필요하다. 그 관리란 바로 최대한손을 대지 않고 그대로 두는 것이다. 어른도 마찬가지다. 각자 성향에따라 집을 관리하는 방식이 다르다. 물건을 되도록 밖으로 꺼내놓는사람도 있고, 보이지 않는 곳에 숨기는 사람도 있다. 다들 이런 경험을자주 해봤을 것이다. 자신이 이미 방 안을 정돈한 상태인데 어머니가

"집이 이게 뭐니? 대체 청소는 하고 사는 거야?"라는 말로 자기 방식대로 공간을 바꾸고 그 정돈 방식을 강요할 때가 있다. 그건 누가 나쁘거나 잘못되었다기보다는, 공간을 대하는 태도와 마음이 서로 다른 것이다. 자, 이제 중요한 문제는 아이의 공간을 어떻게 다뤄야 하는가다.

현명한 아이는
부모의 질문에서 배운다

　아이가 자꾸만 타인을 평가하려 한다면 답을 구하는 삶에 익숙해졌기 때문이고, 무언가를 빠르게 손에 쥐려 한다면 경쟁의 늪에서 오래 머물렀기 때문이다. 우리가 경쟁에서 이기기 위해 빠르게 답을 구해내는 기계처럼 살려고 교육을 받는 것은 아니지 않은가. 모든 아이는 인간으로 살기 위해 배운다. 모두가 아는 답을 구하는 것이 아니라 나만 아는 질문을 찾아낼 줄 아는 아이는 지루한 경쟁이 아닌 활기찬 창조로 일상을 채운다. 그렇게 아이는 "왜 공부를 해야 하는가?", "상상력이라는 것이 무엇인가?", "나의 잠재력이 어디에 있는가?" 등등 자신에게 꼭 필요한 질문에 대한 자기만의 답을 하나하나 찾아내기 시작한다. 또한, 그렇게 자기 존재에 긍지를 가진 아이는 뭐든 스스로 정하며 스스로 선택한 만큼 책임도 진다. 책임을 지기 때문에 그 과정에서 실패를 해도 그 경험을 모두 자신의 자산으로 만들 수 있다. 우리는 스스로 선택한 일에서만 배울 점을 찾을 수 있기 때문이다. 결국 문제는 자기 존재에 대해 강한 긍지를 가질 수 있느냐 없느냐에 달려 있다. 긍지 있는 아이로 키우기 위해서는, 아이를 향한 부모의 말과 행동이 한결같아야 한다. 좋든 나쁘든 기준이 바로 서야 한다는 말이다.

아이들은 어른들의 말에 관심이 없다. 하지만 어른들의 행동에는 크게 반응하며, 사소한 부분 하나까지 섬세하게 흉내 낸다. 아이들은 어른들의 신념이 무엇인지 잘 모른다. 하지만 어른들이 현재를 보내는 태도에 반응하며, 어떤 마음으로 살아가는지 짐작한다. 아이들은 어른들이 추구하는 정의가 무엇인지 모른다. 하지만 어른들이 오늘 어떤 도덕을 실천했는지 살펴보면서, 입이 아닌 삶으로 추구하는 가치를 발견한다. 당신은 오늘 어떤 행동을 어떤 태도로 실천했는가? 아이들의 이야기는 결코 아이들만의 것이 아니다. 아이들이 흔들리는 이유는, 대부분 부모가 흔들었기 때문이다. 부모가 바람을 일으킨 것이다.

"네가 책을 읽으면 엄마(아빠)가 행복할 것 같은데."

이런 식의 표현은 아이를 흔들리게 만든다. 기준이 바로 서 있지 않기 때문이다. 기준을 바로 세우기 위해서는 질문의 중심 키워드를 제대로 찾아야 한다. 앞의 표현은 "너는 왜 그 모양이니? 다른 아이들처럼 숙제를 제때 알아서 할 수 없니?"와 유사한 문장이다. 비교의 주체가 '엄마(아빠)'에서 '다른 아이들'로 바뀌었을 뿐이다. 이런 식의 질문은 아이의 내적 성장을 막는다. 비교는 가장 쉬운 교육법이지만, 가장 쉬운 교육법으로는 아이의 변화를 기대하기 힘들다.

일단 중심을 아이의 삶에 맞추자. 그렇다면 여기에서 중요한 부분은 '아이의 숙제'라는 키워드다. 숙제를 누가 하는가? 그리고 그 결과와 과정은 누구의 것인가? 그렇다. 모든 문장에서 대상과 방향은 아이를 향해야 한다. 거기에 숙제를 너무 늦게 끝내면 다음 날 아침에 몸이 힘들 수 있다는 것을 진심으로 걱정하는 마음을 담으면 이렇게 질문할 수 있다. "네가 숙제를 늦게 하기 시작하면 너무 늦게 자게 되니까, 아침에 많이 피곤하지 않을까?" 이런 식으로 질문을 구성하면 아이가 자기 존재에 대한 긍지를 가질 수 있으며, 부모에 의해 자꾸 기준이 바뀌는 사람이 되는 상황을 피할 수 있다. 부모가 기준을 제대로 세우고 질문을 해야 그때그때 상황에 따라 흔들리지 않을 수 있다. "나, 옷 뭐 입을까? 골라줘.", "오늘은 뭘 하고 놀지?", "뭘 먹어야 하나?"라고 말하며 스스로 선택하지 못하는 아이들의 특징 중 하나가 바로 그때그때 기준의 말과 행동이 바뀌는 부모 곁에서 자랐다는 데 있다는 사실을 명심해야 한다.

아이의 모든 기적은
부모의 질문에서 시작된다

부모의 질문은 아이의 재능을 꽃 피우는 가장 아름다운 자극이다. 모든 아이에게는 최고의 재능이 있다. 다만 문제는 그 재능을 가장 적절한 시기에 질문을 통해 자극해야 가장 아름다운 꽃이 된다는 것이다. 그것이 바로 부모와 아이 사이에 존재하는 가장 귀한 희망이다. 매일 대화 속에서 질문을 나누며 부모는 아이에게 인생을 살아가는 데 꼭 필요한 지성을 전해줄 수 있다. 그 과정을 통해 아이는 자기 삶에 필요한 자연과 사물을 관찰하는 법, 관계를 지속하는 법, 몰입과 공부의 기술 등 중요한 것들을 완벽하게 익히게 될 것이다. 그러므로 막대한 돈과 좋은 환경 그리고 근사한 집을 유산으로 남겨주지 않아도, 아이에게 질문의 가치와 힘을 전해줄 수 있다면, 아이는 살아가며 자신이 원하는 모든 것을 가질 수 있다. 세상 어디에도 질문보다 빛나며 영원히 사라지지 않는 유산은 없다.

아래 글을 아이와 함께 필사해보자. 부모의 질문이 자신에게 어떤 영향을 주는지 스스로 인지하며, 질문의 가치를 실감하게 될 것이다. 부모의 질문도 물론 매우 중요하지만, 아이가 그 가치를 깨닫고 "아, 부모님의 질문에 내가 배울 것이 있구나."라는 생각을 하게 된다면 더 빛나는 가치를 이끌어낼 수 있을 것이다.

"현명한 아이는 부모의 질문에서 배웁니다.

부모의 질문은 아이가 살아갈 아름다운 마당이죠.

아이에게 세상에서 가장 멋진 마당을 선물해주세요.

부모가 사랑으로 던진 질문은 그 마당의 꽃으로,

믿음과 소망으로 던진 질문은 근사한 연못으로 태어납니다.

부모가 던진 질문의 깊이와 넓이만큼,

아이는 더 깊고 넓은 인생을 살 수 있습니다.

아이의 모든 기적은 부모의 질문에서 시작합니다."

결과가 아닌
존재에 다가가야 하는 이유

아이는 모든 지혜를 가슴에 품고 있지만, 부모가 질문을 던져주지 않으면 그것을 꺼낼 수 없다. 모든 아이가 현명한 사람으로 성장할 수 있지만, 모두가 그렇게 자라지 못하는 이유는 부모마다 질문이 다르기 때문이다. 부모가 '아이 행동의 결과'와 '아이의 존재 자체'를 구분해서 생각하고 아이에게 질문할 수 있다면, 아이는 풀기 힘들었던 다음 3가지 문제를 순식간에 풀 수 있다.

"왜 공부를 해야 하는가?"

"상상력이라는 것이 무엇인가?"

"나의 잠재력이 어디에 있는가?"

그게 끝이 아니다. 부모가 자신의 존재 자체를 자극하는 질문을 던짐으로써 아이들은 적절한 시기에 맞춰 자신에게 꼭 필요한 질문에 대한 답을 하나하나 발견하기 시작한다. 너무 어렵게 느껴질 수도 있다. 조금 쉽게 설명해서, 아이의 결과가 아닌 존재에 다가가는 시각을 갖고 싶다면, 아이의 결과가 아닌 아이의 시작을 발견하는 부모가 되자는 말이다. "어떻게 하면 책을 읽힐 수 있을까?"라는 질문이 아닌, "왜 우리 아이는 책을 읽지 않을까?"라는 질문에서 시작하는 것이 좋다. 독서하지 않는 이유의 원인을 발견할 수 있기 때문이다. 모든 결과에는 원인이 있다. 그 원인을 보라. 그럼 아이의 결과도 바꿀 수 있다.

질문을 지휘하는
일상의 예술가로 키우라

공부는 평생토록 하는 것이라 외치며 새로운 지식을 배우는 자세는 언제나 그 모습을 바라보는 사람들에게 좋은 기운을 준다. 자신이 버는 돈을 거의 모두 무언가를 새롭게 배우는 것에 투자하는 사람을 보면 참 대단하다는 생각도 든다. 그런데 아주 가끔은 배움 자체에 중독된 사람을 본다. 이어달리기를 하는 것처럼 지식이 또 새로운 지식으로 끝없이 이어진다. 새로운 지식을 배우는 것은 좋지만, 중독이 되면 곤란하다. 중독에는 늘 부작용이 발생하기 때문이다.

"우리는 왜 배움에 중독되는 걸까?"

지식 중독의 부작용은 크게 두 개다. 하나는 "나는 많이 알고 지적인 사람이라는 자만심"이 생기는 것이고, 다른 하나는 더욱 불행한 사실인데 "평생 남의 밑에서 일해야 한다."라는 것이다. 이 사실이 불행한 이유는, 지식 중독자들이 막대한 돈과 시간을 투자해서 배움에 전념했던 가장 큰 목적이 누구도 침범할 수 없는 인생을 사는 데 있기 때문이다. 하지만 그들은 결국 마지막 고비를 넘기지 못해 언제나 끌려가듯 남의 밑에서 일하게 된다. 슬픈 일은 거기에서 끝나지 않는다. 안타깝게도 그들 대부분은 남 밑에서 일하면서 여전히 "나는 많이 아는 지적인 사람이야."라는 생각에 사로잡혀, 어떤 조직에서도 성장하지 못하고 제 능력을 다 발휘하지 못한다.

"왜 많이 배우고서도 자신의 삶을 찾지 못하는 걸까?"

이유는 간단하다. 많이 배웠다고 해서 모두 자유로운 삶을 살아가는 것은 아니기 때문이다. 성장과 기쁨을 거듭 누리는 자유로운 삶을 살기 위해서는 배우기만 하는 삶에 제동을 걸고, 배운 것을 쓸 줄 알아야 한다. 배우기만 한다는 것은 하나도 깨닫지 못했다는 사실을 의미한다. 배운 것을 깨닫게 되면 멈춰서 그것을 실천하게 되기 때문이다. 그래서 모든 지적인 삶에는 질문이 필요하다. 그래야 멈출 수 있다. 다음 3개의 질문으로 세상에서 배운 지식을 자신의 것으로 바꿔 다시 세상에 보내야 한다.

"나는 왜 배우는가?"

"이 지식은 내게 어떤 의미인가?"

"이 의미는 세상에 어떻게 존재할 수 있는가?"

지식을 쌓기만 한다는 것은 아직 그걸 제대로 사용할 방법을 모른다는 증거다. 알면 가만 놔둘 수가 없기 때문이다. 그냥 배우지 말고,

질문으로 세상에 내보낼 생각을 하자. 배운 지식이 머리에 하나도 남아 있지 않은 상태를 유지해야 비로소 그 사람을 지성인이라고 부를 수 있다. 지식을 머리에 담기만 하는 사람은 크게 쓸모가 없다. 그건 이미 컴퓨터가 매우 잘해주고 있기 때문이다. 지식을 소비만 하지 말고 의미를 부여해서 창조하라. 기계가 할 수 없는 일을 시작하자.

질문은 아이를
자기 삶의 지휘자로 만든다

아이는 다양한 질문을 통해 배운 지식을 마음껏 변주하며 즐겁게 사용하는 일상의 예술가로 살아야 한다. 배워서 지식을 얻는 것보다 치열한 질문을 통해 발견한 답 하나를 가슴에 오랫동안 품고 사는 것이 더욱 중요하다. 그 답 하나가 바로 아이의 변치 않는 꿈이 되어, 어떤 어둠에서도 아이의 삶을 빛나게 하기 때문이다. 그래서 세상에서 가장 무책임한 표현은, "이 상황을 해결할 방법이 없다."라는 말이다. 우리에게는 방법이나 지식이 없는 게 아니라, 그걸 제대로 변주할 질문이 없다. 그래서 질문하지 않는 삶은 곧 그를 멈추게 만든다. 인생이란 끝나지 않는 마라톤이다. 중간에 멈추지 않고 달리기 위해서는, 멈추지 않고 질문을 던져야 한다. 다음 글을 필사하며 일상의 질문이 얼마나 그 사람의 인생에 큰 영향을 주는지 느끼게 하자.

"저는 늘 자신에게 묻습니다.

'나는 왜 이것을 하는가?'

그리고 질문을 작게 쪼개서 다시 묻습니다.

'내 한 걸음에는 어떤 의미가 있나?'

이렇게 일상의 질문을 반복하는 이유는,

생각 없이 배우는 지식으로는

나만 살 수 있는 인생을 만들기가 어렵기 때문이죠.

질문을 지휘할 수 있다면,

인생이라는 무대는 나의 것입니다.

질문은 나를 내 삶의 지휘자로 만들어줍니다."

한계 없이 질문해야
한계를 극복할 답을 찾는다

새롭게 질문하면 새로운 답을 찾을 수 있다. 현실이 지루하다면 그 원인은 지루한 당신의 질문에 있다. 질문 안에 삶에 필요한 모든 것이 있다. 아이는 부모를 통해 질문하는 법을 배운다. 부모가 적절한 질문을 던짐으로써 생명과 도덕, 철학과 예술처럼 우리를 인간답게 존재하도록 만드는 고귀한 것들을 아이의 삶에 녹아들게 한다면, 아이는 앉아서 세상 모든 지식을 저절로 알게 될 것이다.

"똑같은 일을 반복하면서 다른 결과가 일어나기를 바라는 것은 정신병 초기 증세이다."

아인슈타인의 이 말은 바로 이것을 의미한다.

"같은 질문을 반복해서 던지면서 다른 답이 나오기를 바라는 것은 정신병 초기 증세이다."

아이들은 한계 없이 질문해야 한다. 한계 없이 질문해야, 한계를 극복할 답을 찾을 수 있다. 그래야 당신뿐 아니라 당신을 보며 자라는 아이도 지금까지 상상하지 못했던 혁신적인 삶의 변화를 시작할 수 있다.

4부

틀 밖에서 자기 삶을
주도하는 아이

: 기준에서 벗어나 진짜를 발견하는 방법

제6관

사색

자기 원칙을 갖고 살아가는
사람만이 깨닫는 기쁨

　세상의 의견과는 다르게, 나는 "코에 걸면 코걸이 귀에 걸면 귀걸이"라는 속담을 매우 좋아한다. 물론 이 속담은 여기에 붙이든 저기에 붙이든 말이 되거나, 자신의 의도대로 해석하는 사람을 볼 때, 그들의 생각에 비난을 가하기 위해 사용하는 대표적인 말이다. 하지만 나는 이 짧고 단순한 말에 미래를 살아갈 수많은 희망이 있다고 생각한다. 언제나처럼 우리가 사는 환경이나 상황은 거의 비슷하다. 나이에 따라 겪는 경험마저 비슷하다. 그래서 더욱 우리는 같은 상황을 자신의 입장이나 원칙에서 바라보는 자세가 필요하다. 쉽게 말해서, 코에 걸든 귀에 걸든 걸어보려는 시도를 하는 것이 중요하다.

　파리에 가면 루브르 박물관에 가지 않을 수가 없고, 긴 줄을 서서 마침내 박물관에 들어가면 〈모나리자〉 앞에 서지 않을 수가 없다. 줄에 서서 〈모나리자〉 그림 앞에 서기까지 최소 2시간 이상 바로 앞에 서 있는 사람 뒤통수만 바라보며 기다려야 하지만, 결코 포기할 수 없는 그림이다. 처음부터 〈모나리자〉가 이렇게 인기 있었던 것은 아니다. 원래 〈모나리자〉는 보통의 다른 그림들과 섞여 있었지만, 2005년 4월에 대규모 공사를 한 후에는 드농관 2층 6실 거대한 공간에 홀로 전시되어 있다. 전 세계 수많은 사람이 오로지 그녀의 얼굴을 보기 위해 줄을 서게 된 것이다.

파리의 낭만을 상징하는 에펠탑을 봤으면, 다음은 〈모나리자〉를 보러 가는 것이 일반적인 생각이자 여행 코스이다. 책을 읽는 사람 중에는 〈모나리자〉를 실제로 본 사람도 있을 것이고, 책에서만 본 사람도 있을 것이다. 그 모든 이에게 하나 묻는다.

"한 나라를 대표할 정도로 위대한 그림을 보며 당신은 어떤 생각이 들었나?"

아마 쉽게 입이 열리지 않을 것이다. 이유가 뭘까? 하지만 아래의 질문에는 조금 더 쉽게 각자의 답이 나올 것이다.

"당신이 가장 좋아하는 그림은 무엇인가요?"

"그 그림을 좋아하는 이유는 무엇인가요?"

강요하는 질문은
잘못됐다

세상은 자꾸 이런 질문만 던진다.

"세상에서 가장 위대한 그림이 무엇인가?"

"세상에서 가장 비싼 그림은 무엇인가?"

이런 질문을 던지면 90% 이상의 사람이 왜 그런지 이유도 모른 채 그저 배운 대로 〈모나리자〉를 언급한다. 루브르 박물관 안내소에서 가장 많이 받는 질문도 마찬가지로, "〈모나리자〉가 어디에 있나요?"이다. 그들은 이유도 모른 채 걸고 기다려서 〈모나리자〉를 만나고 집에 돌아온다. 어디에서부터 잘못된 걸까?

'가장 위대한 그림'이라는 질문의 방향이 틀렸다. 예술은 위대함을 가르는 것이 아니기 때문이다. 질문을 이런 식으로 바꾸는 게 아이의 생각을 확장하는 데 좋다.

"왜 〈모나리자〉는 이토록 유명하고 인기가 많은 걸까?"

〈모나리자〉는 위대한 그림이라고 강요하는 것이 아니라, 〈모나리자〉가 왜 유명한지를 생각하게 만드는 것이 지혜로운 질문 방향이다. 이때 아이가 되도록 다양한 답을 말할 수 있도록 충분한 시간을 주자. '그 그림을 그린 다빈치가 유명해서', '그림이 환상적이라서', '획기적인 기법으로 그려서' 등등 다양한 답변이 나올 것이다. 아이가 충분히 답했다고 판단되면 이제 아래 글을 필사해보자.

"세상이 정한 유명한 것은 내게 의미가 없습니다.

내게는 나만의 기준이 있기 때문이죠.

그러므로 나는 세상의 명령에 흔들리지 않습니다.

나는 스스로 자신에게 명령하며,

내가 원하는 것을 성취하며 살아갑니다.

나는 나의 주인입니다."

아이 삶의 결정권자는
아이 자신이어야 한다

　세상은 성공을 강요한다. 그러나 스스로 선택한 일이라면 성공과 실패에 크게 흔들릴 필요가 없다. 나는 언제나 최선을 다했을 뿐이며, 그 결과를 세상이 마음대로 성공이나 실패로 정의한 것이기 때문이다. 아이를 대할 때도 같은 마음이어야 한다. 인생은 하나의 거대한 놀이공원이다. 누구도 놀이공원에서 타고 싶은 곳을 대신 선택하게 놔두지 않는다. 자신이 타고 싶은 기구를 선택해서 즐기는 것이 가장 큰 만족과 행복을 주기 때문이다.

　어떤 부모는 아이가 탈 놀이 기구를 선택해서 입장권을 손에 쥐어 준다. 그 선택은 대개 세상의 기준을 따른다. 그러나 누구도 타인이 선택한 놀이 기구를 타고 즐거움을 느낄 수는 없다. 아이가 늘 우울하고 삶에 의욕이 없다고 불평하지 말고, 당신이 아이 손에 어떤 입장권을 쥐어줬는지 살펴보라. 스스로 선택하게 하라. 아이에게 자기 원칙을 갖고 살아가는 기쁨을 허락하자. 부모는 결정권자가 아니다. 부모의 몫은 오직 하나, 아이의 성장을 기쁘게 지켜보며 거기에서 무한한 행복을 느끼는 것이다.

부모의 시야가 아이의 시야를 결정한다

하루는 아이의 교육 문제로 치열하게 고민하는 부모에게, 오히려 내가 이런 질문을 던진 적이 있다.

"혹시 꿈이 무엇인가요?"

부모는 서로를 바라보다가 머리를 긁적이며 말했다.

"꿈이요? 그냥 되는 대로 사는 거죠."

그들은 마치 '이 나이에 그런 건 왜 물어보느냐?'라는 표정으로 나를 쳐다봤다.

나는 다시 이렇게 물었다.

"아이의 문제가 뭐라고 하셨죠?"

그러자 그들의 얼굴에 생기가 돌았고, 다양한 문제가 쏟아져 나왔다.

"공부를 스스로 하지 않는다."

"작은 것 하나 주도하는 것이 없다."

"시키지 않으면 절대로 움직이지 않는다."

그리고 다시 질문했다.

"아이와 가장 많은 시간을 함께 보내는 사람이 누군가요?"

그들은 너무나 당연한 질문을 받았다는 듯, 아이와 가장 많은 시간을 보내는 사람을 자신이라고 답하며 "그건 왜 묻느냐?"라고 응수했다.

나는 조용히 이렇게 말했다.

"가장 많은 시간을 보내는 부모가 어떤 꿈이나 작은 소망도 없이 되는 대로 살고 있는데, 그런 부모와 가장 많은 시간을 보내는 아이가 무엇을 주체적으로 할 수 있을까요? 게다가 아이든 어른이든 공부나 독서를 주체적으로 하는 건 쉬운 일이 아닙니다. 부모가 100을 보여주면 아이는 겨우 10을 따라 할 겁니다. 그런데 부모가 1도 보여주지 않고서 아이가 100을 실천하기를 바란다면, 그건 정말 앞뒤가 맞지 않는 이야기 아닐까요?"

단순히 부모가 아이의 모범이 돼야 한다는 말을 전하려는 것이 아니다. 핵심은 우리 주변과 일상에서 일어나는 모든 상황을 발견하고 알아차릴 수 있게 다양한 시선의 힘을 길러야 한다는 사실이다. 모든 일과 삶의 과정이 그렇다. 우리는 우리가 보고 싶은 것만 보거나, 아는 것만 발견할 수 있다. 매우 슬픈 일이며, 무언가에 경탄하는 것이 소중한 이유가 바로 여기에 있다. 아무리 근사한 것으로 둘러싸여 있어도 그것이 무엇인지 파악할 수 없다면 아무것도 존재하지 않는 것과 마찬가지다. 부모는 자신이 아는 것만 발견할 수 있고, 또 그것을 아이에게 보여줄 수 있다. 세상을 바라보는 부모의 시야가 아이의 시야 폭을 결정하는 셈이다.

분노를 참으면
시야는 저절로 확장된다

아이와 함께 같은 장소에 오래 머물면 어떤 부모도 자신의 분노를 참지 못하고 화를 내게 된다. 분노가 앞서가면 이성은 자취를 감춘다. 그래서 순간적으로 이성을 잃고 아이의 단점을 지적하며 화를 낸 후, "아, 내가 또 내 분을 참지 못하고 아이에게 풀었구나."라는 자책에 빠진다. 어쩔 수 없다. 감정을 가진 인간이기에 삶은 자책의 연속이다. 그러나 잘못을 만회하며 동시에 잃어버린 이성도 찾아올 수 있다. 아이의 단점 하나를 지적했다면, 이번엔 장점을 두 개 말해주면 된다. 부모들은 아이에게 입버릇처럼 "너는 다 좋은데, 이게 문제야."라고 말한다. 그렇게 아이의 단점은 구체적으로 자주 언급하면서 장점은 그저 많다고만 말할 뿐이고, 정작 뭐가 다 좋은지 구체적으로 언급하지 않는다. 이제는 아이의 장점을 찾아 하나하나 차분하게 말해주자. "너는

다 좋은데 이게 문제야."라는 말도 좋지만, "너는 가끔 못할 때도 있지만, 늘 정말 대단해."라는 말로 장점이 강조된 말과 글을 자주 전하자. 그럼 부모도 빠르게 이성을 되찾을 수 있고, 아이도 내면을 단단하게 다지며 더 넓은 시선으로 더 멀리 바라볼 수 있다. 다음 글을 필사하는 아이를 바라보며, 부모가 향하는 말의 시선이 아이에게 얼마나 큰 영향을 미치는지 마음으로 느껴보자.

"내가 무언가를 시도해서 실패하더라도,

조언이나 충고를 하지 않았으면 좋겠습니다.

대신 도전한 용기와 앞으로의 희망에 대해서

마치 아름다운 시를 낭송하듯 말해주면 얼마나 좋을까요?

어떻게든 가르치려고 하지 말고,

자연스럽게 좋은 부분을 발견해 전해주세요.

저는 부모님이 제 편이라는 사실을 알 때,

행복을 느끼며 다시 시작할 용기를 낼 수 있으니까요."

부모가 보고 말한 만큼
아이는 자란다

한 사람이 태어나 앞으로 어떤 모습으로 성장할지는 정확하게 예상할 수 없다. 그러나 그가 부모에게 어떤 이야기를 듣고 자라는지를 알면 조금은 짐작할 수 있다. 또한 세상을 바라보는 부모의 눈과 마음을 느낄 수 있다면 조금 더 정확하게 예상할 수 있다. 부모는 자신이 본 만큼만 아이에게 보여줄 수 있으며, 사람은 자신이 자주 생각하는 대로 살아가게 마련이기 때문이다. 부모가 자신의 생각을 들려주면, 아이는 그 말을 음식처럼 먹고 무럭무럭 자란다. 물론 모두가 잘 자라는 것은 아니다. 간혹 음식이 아닌 것을 줘서 억지로 씹어야 할 때도 있지만, 결국 부모는 가장 좋은 것만 보며 살아야 한다. 그것이 곧 아이에게 가서 아이의 삶을 형성하기 때문이다.

일상에서 아이가 가진 모든 문제를 해결하는 '일주일 예술 감상법'

아이들은 쉽게 자기 잘못을 인정하려고 하지 않는다. 자꾸만 거짓말을 하거나 변명으로 그 순간만 모면하려고 한다. 당신의 생각은 어떤가? 나는 반은 맞고 반은 틀렸다고 생각한다.

"아이가 변명하는 이유가 뭘까?"

이런 질문을 마음이 평온한 상태에서 자신에게 던져본 적이 있는가? 아이가 변명하는 것은 아이의 문제가 아니다. 아이에게 던진 부모의 질문이 애초에 변명을 부르는 질문이라서 그렇다. 지금 아이가 실수로 컵을 떨어뜨려 깨뜨렸다고 생각해보자. 만약 부모가 "너 도대체 나이가 몇인데 아직도 컵을 떨어뜨리는 거야?"라고 질책하는 방식으로 질문하면, 아이는 변명할 방법을 생각하게 된다. 그런 표현으로 얻을 수 있는 것은 꽉 막힌 아이의 생각 하나뿐이다. 부모의 질문이 거절과 거부에 접근할 때 아이의 생각은 막히고, "다치지 않아서 참 다행이네, 우리 같이 치울까?"라는 방식의 도움과 희망에 접근할 때 아이는 비로소 자기 생각에 색을 입히게 된다. 아이가 가진 생각의 색이 다양해지면 풀 수 있는 문제도 많아진다.

모든 아이가 저마다 일상에서 다른 문제를 안고 있지만, 나는 모든 아이의 문제를 풀 방법을 하나 알고 있다. '일주일 예술 감상법'이라고 이름 붙였는데, 아래 제시하는 사항은 강의할 때 내가 부모들에게 가장 자주 조언하는 것들이다.

'같은 영화 일주일 내내 반복해서 시청하기'
'같은 음악 매일 10회 이상 일주일 내내 감상하기'
'같은 그림 매일 30분 이상 일주일 내내 관찰하기'
'같은 풍경 매일 1시간 이상 일주일 내내 바라보기'

아이들에게 영화와 음악, 그림과 풍경을 일주일 동안 반복해서 감상하고 바라보게 하면 어떤 일이 일어날까?

1. 당연히 엄청난 지루함을 느낀다

지루하다는 것이 뭘까? 새로운 게 없다는 것이다. 왜 새롭지 않을까? 다르게 볼 줄 모르기 때문이다. 이건 매우 중요한 문제다. 이 과정에서 모든 아이가 공통적으로 지루함을 느끼는 이유는, 같은 것을 반복해서 본 적이 없기 때문이다.

2. 사소한 부분에 눈이 간다

이제 아이들은 반복을 통해 "어떻게 하면 새로운 것을 볼 수 있을까?"라는 현실의 문제를 해결할 질문을 던지기 시작할 것이다. 인간은 역시 적응하는 존재다. 지루함에 적응하면 아이들은 다른 부분을 찾는다. 이전에는 눈여겨본 부분이 아닌 화면의 구석이나 음악을 구성하는 악기의 소리, 조연의 대사 등 사소한 부분을 바라보기 시작한다. 위대한 관찰이 시작된 것이다.

3. 미세하게 나눠서 감상하게 된다

일단 관찰을 시작하면 아이들은 본능적으로 작은 부분을 더 잘게 쪼개서 세심히 관찰하게 된다. 거대한 작품 전체에서 사소한 부분으로 시선을 옮긴 후, 그 사소한 부분을 마치 거대한 작품 전체를 관찰하듯 섬세하게 관찰한다. 이제 아이에게 한 권의 책은 더 이상 한 권이 아니고, 하나의 그림도 결코 하나가 아니다.

4. 조각을 내서 자기 나름대로 연결한다

이제 아이는 매우 급격하게 변화한다. 마치 음악의 편곡자나 책의 편집자처럼 스스로 일상의 편집자가 되어 자신이 의미를 부여한 조각을 임의로 떼어내서 다른 조각에 연결하며 다른 의미로 승화하는 것이다. 음악으로 예를 들면 다양한 악기가 합주하는 곡에서 기타와 피아노만 따로 떼어내 두 악기로만 완성한 음악을 상상 속에서 즐기는 식이다.

5. 나만의 것으로 재탄생한다

그렇게 아이들은 모든 예술 작품을 자기만의 시각으로 재탄생시키는 법을 터득하게 된다. 더욱 귀한 사실은 예술 작품을 반복 감상하는 과정이 익숙해지면 이제는 일상에서도 그 과정을 실현할 수 있다는 것이다. 이 과정을 반복하는 아이는 인생 그 자체가 르네상스다. 매일 다시 태어나는 삶을 사는 것이다. 당연히 자신이 가진 문제를 스스로 풀 능력을 갖게 된다.

아이의 언어를
바꾸는 법

물론 처음부터 아이에게 엄청난 능력을 기대할 수는 없다. 기본 역량이 필요하다. 언어가 바로 그 기초다. 언어로 풀리지 않는 문제는 없다. 아이의 문제를 풀고 싶다면, 아이를 주도하는 언어를 재구성해야 한다. 프로이트가 대화 치료 중심에 언어를 둔 이유는 '그 사람의 언어가 곧 그 사람의 모든 것'이기 때문이다. 모든 사람은 언어라는 집에 산다. 우리가 겪는 모든 상처는 언어로 굳어 있기 때문에, 그것을 풀기 위해서는 언어로 접근해야 한다. 매주 1회 아이에게 요즘 가장 자주 사용하는 단어를 3개 이상 나열하게 하라. 그리고 다음 빈칸에 그 단어를 넣어 문장을 완성하게 하고, 완성한 문장을 필사하면 된다. 문장은 단어에 맞게 조금 수정해도 된다. 중요한 것은 전체적인 느낌이지 정확한 문장이 아니라는 사실을 기억하자. 또한, 이런 방식으로 빈

칸에 단어를 넣어 문장을 완성하는 과정은 아이에게 자연스럽게 글쓰기의 기쁨과 방법을 알려줄 수 있으므로, 부모가 아래와 같은 필사 문장을 자주 만들어 아이에게 제공하면 글쓰기 실력도 향상되는 효과를 기대할 수 있다.

"나는 요즘 (   )을 좋아합니다.

그것은 저에게 (   )을 선물해주기 때문이죠.

복잡한 문제가 생길 때마다 (   )을 생각합니다.

그걸 생각하면 마음이 (   )해지기 때문이죠."

아이에게
클래식이 좋은 이유

아이가 적은 단어를 과학자처럼 분석하고 철학자처럼 사색하며 연구한다고 생각하면서 다가가자. 아이가 쓴 단어가 어떻게 느껴지는가? '우호적인가, 비판적인가?', '공격적인가, 방어적인가?' 단어의 느낌을 제대로 점검하고, 부모가 기대하고 원하는 방향에 맞는 단어를 사용하도록 방향을 잡아줄 필요가 있다. 마음이 아픈 아이는 희망의 언어를, 부정적인 아이는 긍정의 언어를, 속이 좁은 아이는 넓은 느낌의 언어를 일상에서 사용할 수 있게 하자.

또 하나 좋은 방법이 있다. 클래식을 감상하며 원하는 감정에 도달하게 만드는 것이다. 클래식에는 가사가 없다. 아이에게 클래식이 좋은 이유는 가사를 상상해서 스스로 채울 수 있기 때문이다.

1. 아이가 곡에 가사를 채우려면 멜로디가 분명하고 진행이 빠르지 않아 차분한 클래식이 좋다. 그런 곡을 몇 개 선별해서 아이에게 최소 10번 이상 반복해 들려줘라. 아이가 특별히 좋아하는 부분이 있다면 그 부분만 들려주는 것도 좋은 방법이다.

2. 10번 이상 반복해서 들려준 이후에는 아이에게 클래식 멜로디에 맞는 가사를 직접 쓰게 하라. 글의 분량은 중요하지 않다. 모든 멜로디에 가사를 다 붙일 필요도 없다. 어느 정도 말이 되는 정도의 길이만 되면 충분하다. 중요한 것은 완벽한 결과가 아니라, 이 과정을 통해 아이가 자주 쓰는 표현과 단어를 발견하는 것이다. 초등학교 3학년 이하의 아이들에게는 쉽지 않을 수도 있다. 그럴 땐 아이에게 익숙한 동요를 들려주고 그것부터 시작하는 게 좋다. 이미 있는 가사를 지우고 스스로 생각한 가사를 입히는 재미도 느낄 수 있어 좋다.

3. 마지막 단계다. 이번에는 반대로 아이가 자주 사용하기를 바라는 단어를 부모가 고르고, 아이가 쓴 가사 안에 바꿔 넣어 쓰게 하는 것이다. 만약 아이가 "나는 게임이 좋아요, 매일 하면서 살고 싶죠."라는 가사를 썼다면, 부모가 '의지력'이나 '절제'라는 단어를 골라준 후에 "나는 절제할 수 있어요, 매일 게임 하고 싶은 마음을."과 같은 가사로 바꿔보게 하는 것이다. 일상에서 무의식적으로 부모가 원하는 단어를 자주 사용할 때까지 반복하라.

미세한 차이를 발견하는
생각의 기술

독일과 프랑스, 이탈리아 등 유럽 국가의 마트에서 매우 유심히 관찰한 다음에 나온 특별한 결과가 하나 있다. 요구르트 가격이 그 안에 들어 있는 과일의 종류에 따라 대부분 달랐다는 점이다. 물론 모두 다 그런 것은 아니다. 여기에서 관찰과 창의를 위해서 꼭 남기고 싶은 말이 있다. 누군가 무언가를 제시하면 꼭 "다 그런 건 아니다."라는 말로 초를 치는 사람이 있는데, 세상에 100% 통하는 이론이나 지식은 없다. 중요한 것은 보통의 상황에 익숙한 사람들의 트집과 회유가 난무하는 와중에도 세상에서 일어나는 수많은 미세한 변화를 감지하기 위해 관찰을 멈추지 않는 담대한 용기다.

군이 이런 이야기를 하는 이유는, 100% 통하는 이론이나 결과가 없음에도 불구하고 1%의 미세한 차이를 찾아내는 사람에 의해 세상은 1% 전진하기 때문이다. 100%만 생각하는 사람은 아예 시작도 하지 못하지만, 작은 것을 하나하나 찾아내 쌓아가는 사람은 언젠가 그것들을 모아 누구도 반박할 수 없이 완벽에 가까운 하나를 만들 수 있다.

다시 요구르트 이야기로 돌아가자. 한국의 요구르트는 그 안에 어떤 것이 들어가든 가격이 모두 같다. 모두 한 번에 가격을 올리고, 내릴 때도 한 번에 내린다. 하지만 내가 관찰한 유럽의 요구르트는 안에 든 과일에 따라 가격이 달랐다. 여기에서 우리는 무엇을 발견할 수 있을까? 자신과 곁에 있는 아이에게 한번 물어보자.

"요구르트 가격이 모두 다르다는 것은 무엇을 의미할까?"

나는 이렇게 생각을 진행했다. 생각을 진행하면서 하나의 결론을 내는 과정을 아이와 함께 잘 관찰해보라.

· 계절에 따라 수급할 수 있는 과일은 모두 다르며 냉동 과일이라고 할지라도 종류에 따라 모두 가격이 다르다.
· 그렇다면 계절에 상관 없이 모든 과일이 들어 있는 한국의 요구르트 가격이 같다는 것은, 미리 가격을 정해두고 거기에 맞는 과일을 골랐다는 것이다.
· 그러므로 한국의 경우 가격을 한꺼번에 올리지 않는 이상 좋은 품질의 내용물이 들어갈 가능성이 낮아진다.
· 늘 일정한 수준 이상의 품질을 유지하기 위해서는, 유럽처럼 요구르트의 가격이 종류에 따라 달라질 수밖에 없다.

그럼 이렇게 생각을 한 줄로 정리할 수 있다.

"한국은 가격이 우선이라면, 유럽은 품질이 우선이다."

그게 무엇이든 제대로 보고 느꼈다면 우리는 언제나 그 상황이나 지식을 나만의 한 줄로 압축해서 정리할 수 있다. 한 줄로 말하지 못한다는 것은 아직 제대로 모른다는 증거다. 비교할 대상을 선택해서 한 줄의 생각으로 압축해나가는 앞의 과정을 차분하게 읽고 아이와 일상에서 실천해보면 미세한 차이를 설명하는 데 도움이 된다.

여행은
경쟁이 아니다

　　유럽에 방문할 때마다 부모가 모두 어렵게 연차를 내고 아이들과 함께 여행을 떠나는 모습을 자주 봤다. 그런데 여행을 떠나기 전과 후에 그들은 무엇이 달라졌을까? 모두가 서는 곳에서 멈추고, 모두가 먹는 곳에서 입을 열고, 모두가 바라보는 곳에서 눈을 뜨는 여행, 그것도 물론 의미가 있지만 결국 다수가 있는 곳에서 우리가 얻을 수 있는 것은 끝없는 경쟁 하나뿐이다. 모두가 아는 것을 하나 더 추구하는 것은 큰 의미가 없다. 누군가 두 개를 배우면 또 그를 이기려고 하나를 더 배워야 하기 때문이다. 같은 것을 배우는 것이 아니라 다른 것을 하나 발견할 수 있어야 한다. 그것은 바로 미세한 차이를 발견하는 힘에서 나온다. 다음 글을 필사하며 미세한 차이를 일상에서 어떻게 발견할 수 있고, 그것이 삶에 어떤 영향을 미치는지 자연스럽게 깨닫게 하자.

"그림을 그리거나 글을 쓴 후,

우리는 자신의 창작품을 설명하는 과정을 거치는 게 좋습니다.

그래야 그것을 모두 마음 안에 담을 수 있으니까요.

화가는 그림을, 작가는 글을

손으로 그리거나 쓰지 않고 눈으로 창조합니다.

무엇을 보든지 우리가 그것을 명확하게 볼 수 있다면,

역시 그리거나 쓸 수도 있습니다."

시선의 차이가
수준의 차이를 결정한다

모두가 들렀다 가는 경로에서 벗어나, 마트에서 아이들이 즐겨 먹는 요구르트가 한국과는 달리 안에 들어간 과일에 따라 가격이 다르다는 사실을 부모가 발견하고, "왜 그럴까?"라고 아이에게 질문할 수 있다면, 유럽 여행은 그 순간부터 즐거운 지적 탐험이 될 것이다. 아마 앞에 쓴 내용을 아이와 대화하며 충분히 알려줬다면, 아이는 스스로 이런 생각을 하며 자신의 견문을 넓힐 것이다. "유럽에 멋진 예술 작품이 많은 이유는, 결과를 미리 생각하지 않고 모든 과정마다 최선의 노력을 쏟았던 예술들이 많았기 때문이다." 얼마나 근사한 분석과 표현인가! 아이에게 이미 그런 눈과 마음이 존재한다. 부모가 사소하지만 거대한 차이점을 발견해주기만 하면, 아이는 이전과는 전혀 다른 것을 보고 느끼며 살아갈 수 있다. "사물을 바라보는 시선의 차이가 살아갈 수준의 차이를 결정한다." 별생각 없이 다들 보는 곳을 보고 먹는 것을 먹는 일상에서 벗어나, 가격이 다른 요구르트가 준 영감을 루브르 박물관에서 본 석상과 로댕 미술관에서 본 온갖 작품에 투영해 자기만의 방식으로 영감을 얻게 되는 것이다. 그런 삶을 시작한다면 당신의 아이는 더 이상 어제 알았던 아이가 아니다.

자립하는 아이로 기르는 교육은 따로 있다

　'자립'이란 기계의 삶에서 벗어나 자기 생각을 가진 독립적인 삶을 살기 위해 가장 필요한 단어다. 예를 들어, 시를 가르치고 암기하게 하는 것은 누구나 할 수 있는 기계적 교육이다. 누구나 할 수 있는 것을 배우면서 우리 아이들의 일상은 암울해진다. 누구도 할 수 없는 것을 하는 자가 아무도 발견하지 못한 자리에 당당히 설 수 있다. 그런 아이로 기르려면, 시를 가르치고 암기하게 하는 게 아니라 시를 즐기고 느끼게 해야 한다. 타인의 도움으로 당장 만점을 받는 것보다, 자신의 힘으로 50점을 받는 게 아이를 위해 좋다. 그 50점은 자신의 힘으로 얻은 점수이기 때문이다. 100편의 시를 암기하게 하는 것보다 한 편의 시를 느끼고 이해하게 하라. 설령 아이의 국어 점수가 0에 가까워진다고 해도 말이다.

모든 것을 완전히 바꾸기 위해서는 너무 늦기 전에 근본부터 바꾸기 시작해야 한다. 빠르게 움직이지는 않지만 결코 고통 앞에서도 멈추지 않고, 주어진 일에 최선을 다하면서 동시에 원하는 꿈을 이루기 위한 배움에도 적극적인 아이는, 스스로 생각하며 자신의 삶을 완벽한 형태로 만들어간다.

자연에 계절이 있는 것처럼 인생에도 계절이 있다. 나이는 계절과 같다. 10대에는 10대에 해야 할 일이 있고, 20대에도 20대에 해야 할 일이 있다. 그러므로 10대에 해야 할 일을 20대로 미루면 안 된다. 동시에 어제 저지른 잘못에 너무 심각하게 신경을 쓸 필요도 없다. 오늘 또 저지를 실수가 있기 때문이다. 어제에 얽매이지 말고 오늘을 맞이하라. 인생에는 때가 있다. 때에 맞는 모든 실수와 성공은 우리를 성장하게 한다.

세상을 바꿀 모든 창조물은 결국 현실에서 시작한다. 현실에서 시작하지 않은 모든 것은 현실에서 쓰일 수 없다. 과거를 그리워하고 미래만 추구하는 삶에서 벗어나, 지금 이 순간이 가진 힘을 아는 사람이 되어야 한다. 잠재력은 미래가 아닌 지금 현재 내 삶에 존재하는 것이기 때문이다. 인생은 결국 우연에 지배를 받게 된다. 인간은 그걸 제어할 수 없다. 결국 우리는 스스로 진실이라고 믿는 것을 지금 일상에서 실천하는 수밖에 없다. 그것이 우연에 의지하지 않고 살 수 있는 가장 현명한 방법이다.

고귀한 정신은
아이의 미래를 지킬 힘이다

우리는 자립하는 사람을 두 가지 부류로 나눌 수 있다. 하나는 존경받는 사람이고, 다른 하나는 비난받는 사람이다. 전자의 자립을 원한다면 아이에게 고귀한 정신에 대해 제대로 알려줘야 한다.

"지식은 세상에 널려 있지만 고귀한 정신은 귀하다. 아무나 소유할 수 있는 게 아니기 때문이다. 지식은 사람을 잘못된 길로 유혹할 수도 있지만, 고귀한 정신은 언제나 가장 근사한 길로 우리를 인도한다. 눈을 감아도 귀를 막아도 그는 누구보다 빛나는 길을 알아서 걷는다."

고귀한 정신은 그리 특별한 것이 아니다. 쉽게 흔들리지 않고 올바른 자세를 유지하거나 품위 있는 언어를 구사하면 우리의 정신은 고귀해진다. 지식이 범람할수록 고귀한 정신은 더 귀해진다. 고귀한 정신은 오늘보다 내일, 내일보다 훗날 아이의 삶을 더 잘 지킬 힘이 되어

줄 것이다.

스스로 성취한 것과 우연히 얻은 성취를 완벽하게 구분해야 한다. 운이 좋아서 이룬 성과를 마치 자신의 노력으로 얻은 것처럼 떠벌리고 다니는 것은 오히려 자신을 망치는 일이다. 희망과 욕심을 구분하고, 성취와 운을 구분하라. 운명을 거스를 순 없지만, 후회하지 않는 인생은 우리의 선택으로 만들어갈 수 있다. 다음 부분은 부모가 필사하면 좋다.

"인간의 한계를 정확히 가르쳐주는 부모는 현명하다.

하지만 그럼에도 인간은 도전해야 한다는 사실을

가르쳐주는 부모는 위대하다.

도전은 말이 아닌 부모의 삶으로만 가르쳐줄 수 있기 때문이다.

위대한 삶을 사는 부모는 아이의 꿈을 위대하게 만든다."

부모의 삶과
사랑이 답이다

간혹 첫 만남에서 부정적인 느낌을 남긴 사람을 두고, "알고 보면 좋은 사람이야."라고 말하며 그가 남긴 부정적인 이미지에 대해 변호하게 된다. 그런데 '사실 알고 보면 좋은 사람'이라는 말은 공허하다. 첫인상이 좋게 느껴지지 않는데 굳이 좋은 점을 알 때까지 참아가며 만나는 경우는 흔하지 않기 때문이다. 문제는 태도다. 상대를 대하는 태도가 결국 나라는 이미지를 결정하기 때문이다. 늘 내 앞에 서 있는 사람의 처지에서 생각하는 게 좋다. 상대를 생각하는 마음이 상대를 대하는 나의 태도로 표출되기 때문이다. 때로는 입에서 나오는 말보다 태도에서 느껴지는 풍모가 사람의 인상을 좌우한다. 태도는 습관이 아님을 기억하자. 상대를 대하는 마음이 나의 태도를 결정한다.

결국 사랑이다. 무언가를 가르치기 위해서는 그것의 본질에 대해 깨우쳐야 한다. 하지만 문제는 본질을 깨우친 자는 누군가를 가르치려 하지 않는다는 데 있다. 단순하게 가르치는 것만으로는 알게 할 수 없다고 생각하기 때문이다. 그럼에도 누군가를 가르치는 자는 위대하다. 사랑하는 마음이 없다면 결코 시작할 수 없는 행동이기 때문이다. 그래서 나는 언제나 "우리는 사랑하는 사람에게서만 배울 수 있다."라고 말한다.

사랑이 답인 이유도 여기에 있다. 세상에 그냥 나온 말은 없다. 그 말을 이해할 수 있을 때, 우리는 비로소 그 말을 안다고 말할 수 있다. 부모가 먼저 앞에 나열한 조언을 삶에서 실천하는 게 우선이다. 다시 사랑이 답이고, 부모의 삶이 답이다.

제7관

배려

다양한 의견을
하나로 모을 줄 아는 아이

　　어느 동네든 초등학교 운동장을 주말에 개방하라고 주장하는 사람이 꽤 있다. 넓은 운동장에서 축구나 농구, 산책 등 취미를 즐기고 싶기 때문일 것이다. 어차피 주말에는 학교 운동장을 사용하지 않으니 주민을 위해서 운동장을 개방해달라는 말 자체에 사실 큰 문제는 없다. 하지만 자신의 요구 사항만 주장하는 것은 옳지 않다. 매우 긴 시간 관찰하지 않으면 상황이 제대로 보이지 않기 때문이다.

　　하루는 한 초등학교가 교내 행사 때문에 일시적으로 정문과 후문을 개방했다. 그런데 학교를 가로질러 가는 게 지하철역으로 가는 지름길이라는 사실을 아는 동네 사람 다수가 후문을 통과해서 정문으로 지나다녔다. 문제는 그냥 지나가지 않았다는 데 있다. 운동장 주변 텃밭에 아이들이 체험 학습으로 심은 방울토마토와 각종 농작물이 있었는데, 주변을 지나가던 사람들은 옹기종기 모여 앉아 정성스럽게 그것들을 하나둘 뽑아내 주머니에 가득 챙겨갔다. 그들이 지나간 자리에는 이런 문구가 적힌 안내문이 붙어 있었다.

"아이들이 정성껏 심은 농작물입니다. 눈으로만 바라봐주세요."

세상에는 참 다양한 생각을 가진 사람들이 있다. 나는 아이들이 정성껏 심은 농작물을 뽑아내는 그들의 모습을 보며 안타까운 마음을 이렇게 글로 남겼지만, 어떤 사람은 그들을 제지하려 다가가고, 어떤 사람은 자기만 손해를 본다는 생각에 얼른 달려가 농작물을 뽑아갔다. 물론 어떤 것도 느끼지 못한 채 스쳐 지나가는 사람도 있을 것이다.

나는 그 장면에서 예술을 봤다. 예술이란, 현재의 공간과 시간 안에 존재하는 모든 사람의 마음을 하나로 모아, 자신이 바라보는 곳을 모두가 바라볼 수 있게 만드는 작업이다. 주말 운동장 개방을 주장하는 사람들은 자기 생각만 할 줄 알았지, 개방을 하면 일어나는 일에 대해서는 깊게 생각하지 못했기에 설익은 의견을 낼 수밖에 없었고, 관철되지 못했다. 무언가 하나를 주장하기 위해서는 그 공간과 시간을 지나가는 수많은 사람의 마음을 헤아릴 수 있어야 한다.

그런 마음에서 나온 대표적 작품이 하나 있다. 바로 세계인의 로망이자 프랑스 파리의 랜드마크인 에펠탑이다. 에펠탑은 1889년 프랑스혁명 100주년 기념 파리 만국박람회를 위해 의욕적으로 건립된 상징적 건축물이다. 높이가 무려 301미터(안테나까지 합하면 324미터)이고, 총 3개의 전망대에서 파리 곳곳을 살펴볼 수 있다. 에펠탑이라는 이름이 붙은 이유는 그것이 자유의 여신상을 설계한 건축가 귀스타브 에펠의 작품이기 때문이다. 자, 여기까지는 검색하면 누구나 알 수 있는 정보다. 중요한 건 그다음부터다.

처음에 에펠탑은 시민들의 반대로 건설이 쉽지 않았다. 지금은 미의 기준처럼 되어 에펠탑을 담은 온갖 기념품이 세계 곳곳에서 팔리고 있지만, 당시 에펠의 설계 구상을 본 다수의 시민들은 이런 이유로 건설을 반대했다.

"세상에서 가장 흉물스러운 철골덩어리."

앞서 소개한 초등학교 텃밭을 바라보는 사람의 시선이 제각각이었던 것처럼, 에펠탑의 설계를 본 당시 파리 시민들도 이런 생각을 했다.

"굳이 그렇게 높은 탑을 파리 중심에 세워야 하나?"

"내가 낸 아까운 세금을 이렇게 쓸데없는 일에 쓰는 건가?"

물론 별 관심도 없이 스쳐 지나가는 사람도 있었다. 이런 상황을 충분히 아이에게 설명한 후에 이렇게 질문해보자.

"많은 사람이 각자 자기 의견을 내는 바람에 건설을 시작할 수도 없었던 에펠탑은 어떻게 사람들의 마음을 사로잡을 수 있었을까?"

다른 생각 속에서
아름답게 사는 법

에펠은 자신의 설계를 포기하지 않았다. 하지만 단순하게 타인의 생각을 무시하거나 쉽게 생각하지는 않았다. 그는 자신의 사비로 대부분의 건설 비용을 내고, 20년 동안만 전시를 하고 에펠탑을 철거하겠다고 약속했다. 사람들의 마음을 잡기 위해 그 자신이 먼저 손해를 각오해야 한다고 생각했기 때문이다. 생각해보라. 결코 쉽게 약속할 수 있는 일이 아니다. 예술적 자존심이 강한 사람이 자신이 설계한 작품을 무시하는 사람들의 의견을 듣고, 자기 돈을 투자해 만든 작품을 기간을 한정해서 전시한 후 철거하겠다고 마음먹기는 쉽지 않다. 하지만 그는 알고 있었다.

"내 생각만 강요할 수는 없습니다. 세상은 각기 다른 생각을 하는 사람들이 모여 살고 있기 때문이죠. 우리가 조금 더 아름답게 살기 위해서는, 그 사람들을 외면하기보다는 하나하나 내 안에 담으려고 노력해야 합니다. 그럼 우리의 내면도 한 사람을 내 안에 담은 만큼 넓어질 테니까요."

수많은 사람의 마음을 담아서일까? 그렇게 1889년 3월 31일 완공한 에펠탑은 세계 관광객들에게 사랑을 받으며 파리를 대표하는 명소가 되었다. 20년이 지나서 철거하기로 했던 시기가 되자, 오히려 시민들이 강력하게 요구한 끝에 영구 보전하게 되었다. 그리고 마침내 1991년에는 세계문화유산으로 등재되었다. 아래 글을 아이와 함께 필사하고 읽으며 예술가의 마음과 그들이 작품을 대하는 자세, 그것을 바라보는 태도의 중요성에 대해 생각해보자.

"예술 작품을 바라볼 때
우리는 외형에만 신경을 쓰기보다
그 안에 깃든 영혼을 바라볼 수 있어야 한다.
눈에 보이는 것은 모두의 것이지만,
보이지 않는 것은 나만의 것이기 때문이다."

모두의 마음을 담아
하나로 빛낼 줄 아는 아이

이 세상에서 일어나는 모든 현상에는 그 나름의 이유가 있다. 뭔가 하나를 바꾸려면 원칙과 법만 바꾸면 되는 게 아니라, 그것에 익숙하거나 편법을 법으로 알고 살아왔던 수많은 사람의 의식까지 바꿔야한다. 세계 곳곳의 박물관이나 미술관에서 오늘도 여전히 이런 일이 일어나고 있다. 눈으로만 보라고 하면 꼭 손을 뻗고, 만지지 말라는 조각상은 반드시 만지고야 마는 상황에서는 쉽게 그 원칙을 바꾸기 힘들다. 담벼락은 그냥 있는 것이 아니다. 세상에는 선을 넘는 사람 때문에 존재하는 것들이 참 많다. 아이들이 공부하는 교실에서도 마찬가지다. 제각각의 생각을 가진 교실에는 언제나 모든 의견을 수렴해서 창의적인 하나의 생각을 제시하는 아이가 있다. 그 아이는 교실을 떠나 세상에 나와서도 마찬가지로 자신의 빛을 낸다. 모두의 마음을 담아 그것을 하나로 빛낼 줄 알기 때문에 그는 타인과 경쟁하지도 않는다. 아이에게 그 가치를 전하자. 더 근사한 아이로 성장할 것이다.

잘하는 일과 좋아하는 일은 어떻게 다른가?

한국을 대표하는 지성 이어령 박사는 딸 이민아 교수가 세상을 떠난 뒤, 그녀가 어릴 때부터 아버지의 명성에 먹칠을 하지 않기 위해 공부를 열심히 했다는 소식을 듣고 고통의 눈물을 흘리며 딸이 떠난 하늘을 향해 이런 글을 썼다.

"아빠에게 사랑받고 싶어서 시험 공부를 열심히 했다니. 저런, 나는 네가 빵점을 받아와도, 대학 시험에 떨어지고 남들이 바보라고 손가락질을 해도 세상 천하에 대고 말할 거다. '민아는 내 딸이다, 나의 자랑스러운 딸이다.' 하고 말이다. 그런데 아빠에게 사랑받기 위해, 아빠 명예에 먹칠을 하지 않기 위해 그랬다니. 더 이상 말하지 말자. 참으려고 해도 또 눈물이 난다. 굿 나이트. 이 바보 딸아, 못난 딸아. 아빠의 사랑을 그렇게 믿지 못했느냐. 이제 시험지를 찢고 어서 편한 잠을 자

거라."

물론 세상이 만든 기준인 성적도 매우 중요하다. 하지만 자신이 무엇을 좋아하는지 알고 하는 공부와 성적만 바라보며 하는 공부는 다르다. 그냥 성적만 바라보며 사는 아이는 평생 좋아하는 일을 못하고 살게 될 수도 있다. 아니, 실제로 그렇게 성장해서 죽는 날까지 좋아하는 일을 하지 못하고 삶을 마감하는 사람이 꽤 많다. 이유가 뭘까? 여기에서 부모의 착각이 큰 영향을 끼친다. 이 질문에 한번 차례대로 답해보라.

"아이가 좋아하는 일과 잘하는 일에는 어떤 차이가 있을까?"

"둘은 보통 일치할까? 일치하지 않을까?"

"당신은 아이가 잘하는 일과 좋아하는 일이 무엇인지 알고 있는가?"

아이가 둘 이상인 가정을 보면, 두 아이가 같은 일을 잘하는 경우는 별로 없다. 여기에 힌트가 있다. 같은 가정에서 같은 부모 손에 자랐는데, 왜 누구는 독서를 잘하고 누구는 축구를 잘할까? 왜 서로 전혀 다른 분야에서 재능을 보일까? 답은 명쾌하다. 보통 아이들이 잘하는 것은 스스로 원한 것이 아니라 앞에 언급한 이어령 박사의 사례처럼 부모에게 잘 보이기 위해 선택한 것이기 때문이다. 첫째가 공부를 잘하면 둘째는 부모가 공부 다음으로 좋아하는 것을 찾아 잘하려고 노력한다. 그러므로 각자 잘하는 분야가 다른 이유는 인정받으려는 분야가 다르기 때문이다.

그래서 많은 부모는 정작 아이들이 무엇을 좋아하는지 잘 모르고 평생을 살게 된다. 매우 안타까운 일이다. 아이들이 부모에게 잘 보이기 위해 선택한 것인데, 부모는 아이가 스스로 좋아서 선택했다고 착각하기 때문이다. 오히려 아이가 잘하는 것은 아이가 좋아하는 일이 아닐 가능성이 더 높다. 어릴 때부터 자신이 좋아하는 일을 제대로 찾지 못하고 자라면 성인이 되어서도 세상이 시키거나 타인에게 필요한 일을 하며 살게 된다. 아이가 그런 삶을 살지 않게 하고 싶다면 조금이라도 빨리 자신이 좋아하는 일을 찾을 수 있게 도와야 한다.

공부의 이유를
발견하게 하는 법

독서를 통해 우리는 아주 간단한 방법으로 아이가 자연스럽게 자신이 좋아하는 일을 찾고, 그것을 이루기 위해 공부하는 삶을 살도록 유도할 수 있다. 다만 부모가 먼저 잘못된 태도를 버려야 한다. 무작정 책을 처음부터 끝까지 읽어야 한다는 강요, 글쓰기 연습도 해야 하니 독후감이나 감상문을 써야 한다는 강요가 문제다. 강요에 의해 읽기와 쓰기를 할 때, 아이는 오로지 '지루한 감정'만 느낄 뿐이다. 강요가 아닌 스스로의 선택으로 이루어지는 과정을 실현할 방법을 담은 다음 글을 아이와 함께 필사하자. 아이가 이 방법을 필사하며 스스로 독서를 통해 자신이 좋아하는 것과 공부하는 이유를 발견하게 하는 것이 이번 필사의 목적이다.

1. 자유로운 대화로 시작하자

대화는 늘 나누고 있겠지만, 이번 대화가 특별한 이유는 부모가 아니라 아이가 주제를 정한 대화이기 때문이다. 서로 의식하며 다가가지 말고 자연스럽게 대화를 시작하자.

2. 질문을 하나 발견하자

예를 들어서 아이들이 좋아하는 주제인 유튜브에 대한 이야기를 나누고 있다면, "왜 요즘 아이들은 TV보다 유튜브에 더 관심을 갖는 걸까?"라는 질문을 던져보는 것도 좋다. 다양한 질문으로 아이가 다양하게 생각할 수 있게 하자.

3. 아이가 직접 책을 선택하게 하자

그렇게 질문이 하나 나왔다면, 질문에 대한 답을 줄 수 있는 책을 하나 선정해서 아이와 부모가 함께 읽자. 책을 읽으며 그 질문에 대한 답을 함께 생각해보자. 이때 책은 아이가 자유롭게 선택하게 하며, 아무 페이지나 펼쳐서 원하는 것을 찾게 하는 게 좋다.

4. 질문의 시선으로 읽게 하자

독서할 때 중요한 것은 질문의 시선을 잃지 않는 것이다. 같은 책도 다른 시선으로 읽으면 전혀 다른 것을 발견하게 된다. 아이는 독서를 통해 그것을 경험하며 스스로 "내 안에도 내가 모르는 재능이 있을 거야. 단지 제대로 질문하지 못했기 때문에 아직 재능을 싹 틔우지 못했을 뿐이지."라는 생각을 하게 될 것이다.

"자유로운 대화로 시작하자."

"대화에서 질문을 하나 발견하자."

"질문에 대한 답을 줄 수 있는 책을 직접 선택하자."

"질문의 시선으로 책을 읽자."

모방하는 삶에서 벗어나라

그렇게 지금까지와 전혀 다른 방식으로 책을 읽으며 아이들은 전에는 미처 몰랐던 내용이 책에 담겨 있었다는 놀라운 사실을 알게 된다. 다른 질문을 시선에 담고 책을 읽을 때마다 책은 다른 답을 내놓는다는 사실을 스스로 깨닫게 되며, 바라보는 시선을 바꾸면 자연스럽게 다른 것을 발견할 수 있다는 사실을 알게 된다. 이 깨달음에는 매우 중요한 의미가 있다. 아이에게 다양성에 대해서 알려줄 수 있고, 동시에 자기 안의 수많은 장점을 찾아볼 기회를 제공하기 때문이다.

예술은 우리에게 순위를 정하지 말라고 한다. 서로 다른 것이 중요할 뿐이고, 누가 더 나은지는 예술의 문제가 아니기 때문이다. 아이의 삶도 그렇다. 다른 것을 맛보는 경험이 인생을 풍요롭게 한다. 순위에 집착하고 1등을 목표로 삼는다면 행복을 느끼기 어렵다. 아무리 빠르게 누군가를 따라간다고 해도 그것을 앞으로 나아간다고 말할 수는 없다. 그저 모방일 뿐이기 때문이다. 많은 부모가 이런 질문에 공감할 것이다.

"이게 과연 좋은 선택일까?"

"내 삶은 원하는 대로 펼쳐지는 걸까?"

"그냥 이렇게 늙어버리는 것은 아닐까?"

수많은 질문이 우리를 힘들게 만든다. 그 이유는 앞서 언급했듯이 누군가를 모방한 삶에서 벗어나지 못했기 때문이다. 아이에게는 다른 삶을 허락하자. 앞서 전한 책을 통해 자기 안에 존재하는 가능성을 느끼게 하고, 진정으로 좋아하는 일을 찾게 한다면 아이는 다르게 살아갈 수 있다. 쉽지 않지만 더는 미루지 말자. 그것은 아이의 삶에 희망을 더하는 일이니까.

경쟁을 초월하는 사람으로 만드는 글쓰기

2020년, 우리는 우리가 곧 맞이할 새로운 세상을 조금 엿봤다. 접촉하지 않고 각자 다른 공간에서 먹고 마시고 일하는 세상이 어느새 우리 앞에 성큼 다가왔다. 굳이 한 공간에서 누군가의 지시를 받고 눈치를 보며 아부하거나 줄을 서는 행동을 할 필요가 없어졌다. 다시 말해 실력으로 공평한 평가를 받는 시대가 된 것이다. 그래서 재택근무가 많아진 요즘 오히려 집에서 편안하게 혼자 근무하며 불안에 떠는 사람이 더 많다. 그 이유는 간단하다. 그간 실력이 아니라 아부와 눈치 등 다른 것들로 겨우 버티고 살았기 때문이다. 그래서 그들은 오히려 입을 모아 "차라리 출근하게 해주세요."라고 외친다.

나는 이미 10여 년 전부터 재택근무를 하면서 자기 일을 해내는 사람들을 매우 많이 알고 있다. 그들이 재택근무를 선택한 이유는, 굳이 같은 공간에 모여 회의를 하고 커피를 마시고 앉아 있어야 할 이유를 느끼지 못했기 때문이다. 그래서 그들은 당시 다니던 직장에 재택근무 방식을 제안하며 오히려 연봉을 올렸다. 당시 동종 업계 평균 연봉의 2배 이상을 받으며 출근하지 않고 집이나 카페에서 커피를 마시며 일했다. 그 핵심 에너지는 바로 글쓰기 능력에 있다. 그들이 남들보다 잘하는 것 중 가장 특별한 능력은 자기가 떠올린 생각과 영감을 필요로 하는 사람들에게 글로 정확하게 알려주는 일이었다. 누구나 특별한 생각과 영감을 갖고 있다. 다만 그것을 주변 사람에게 표현하는 능력이 부족할 뿐이다.

자기 업의 대가와 사상가 혹은 대기업 대표에게 "앞으로의 세상에서 자신의 인생을 살고 싶은 사람에게 가장 필요한 능력이 무엇일까요?"라고 물으면 그들은 일제히 이렇게 답한다.

"글쓰기 능력입니다."

앞에도 언급했지만 이제는 직접 만나서 어떻게든 자신을 어필할 수 있는 시대가 아니기 때문에, 자신의 생각과 아이디어를 정확하게 써서 전할 수 있는 글쓰기 능력이 더욱 중요하다.

글을 쓴다는 것은 살아 있다는 것을 의미한다. 그것은 단지 생명의 감각만을 의미하지 않는다.

마음, 감정, 성격, 재능, 인성 등 아이는 글을 쓰면서 자신의 삶을 채우고 있는 모든 것의 가치를 느끼며 가장 멋지게 성장한다. 자신을 제대로 알기 시작하며, 내면을 탄탄하게 다지고, 장점을 빛내고, 단점을 인지한다. 공부하는 두뇌로 진화하며, 스스로 문해력을 키우고, 자연속에서 자기 삶을 아름답게 가꾼다. 그래서 아이들의 말을 그대로 쓰면 세상에서 가장 아름다운 시가 된다. 아이들의 생각을 그대로 쓰면 어디에서도 찾아볼 수 없는 창조적인 글이 된다. 아이들의 행동을 그대로 쓰면, 세상을 변화시킬 영감이 가득한 글이 된다.

종이와 연필을
가지고 다니는 삶의 가치

자녀 교육은 아이의 성장 가능성을 키우는 가장 숭고한 지적 행위다. "어떻게 하면 아이가 글을 쓰게 할 수 있을까?" 답은 이미 정해져 있다. 아이가 움직이는 일상 곳곳에 종이와 연필을 두면 된다. 아이 입장에서도 자신의 외투와 가방 어딘가에 연필이 있으면 언젠가는 그걸 쓰고 싶어지는 순간이 찾아올 확률이 높아진다.

가장 적은 돈으로 가장 좋은 효과를 낼 수 있는 교육은 글을 쓰게 하는 것이다. 교육이 사랑으로 이뤄진다는 것은 누구나 다 알고 있다. 하지만 쓸 수 없는 사랑은 사랑이 아니다. 꽃을 사랑하는 마음을 상대에게 전하려면 글이라는 도구가 필요하다. 글에 마음을 담아 얼마나 사랑하는지 전할 수 없다면 사랑이 아니다. 다음 글을 필사하며 늘 종이와 연필을 가지고 다니는 삶의 가치를 알려주자.

"나는 외출할 때 꼭 연필을 가지고 다닙니다.

불편하지만 연필을 가지고 나가는 이유는,

그때그때 생각나는 이야기를 글로 적는 것이

불편한 것을 이길 정도로 가치가 높기 때문이죠.

매일 소중한 나의 일상을 글로 적으며,

나는 내 생각을 정확하게 표현할 방법을 알게 됩니다.

내 생각을 쓰며 나는 매일 내 마음을 들여다봅니다.

그 일상과 글쓰기가 나를 발견하게 합니다."

모든 아이에게는
각자의 언어가 필요하다

아이는 일상에서 보고 느낀 것과 자신의 생각을 글로 쓰며 사물을 보고 판단하는 좋은 태도도 익히게 된다. 풍부한 감정과 소박하지만 독특한 생각이 가득 녹아 있는 글을 보며 "내 아이가 이런 것을 어디서 어떻게 배웠을까."라는 생각을 하게 될 수도 있다. 하지만 그건 부모의 착각이다. 아이에게는 이미 특별한 글쓰기 능력이 있었다. 다만 그 근사한 능력을 꺼내지 못했을 뿐이다.

일상에서 놀며 스스로 깨우친 것을 그때그때 글로 쓸 수 있다면, 그것은 누구도 흉내 낼 수 없는 가장 고귀한 삶이라고 말할 수 있다. 모든 아이에게는 각자의 언어가 필요하다. 남의 말로는 아무것도 창조할 수 없다. 우리는 자신만의 언어라는 고귀한 것을 일상에서 틈틈이 글을 쓰게 하면서 아이 스스로 깨닫게 할 수 있다. 글쓰기는 쉽게 할 수 있는 것이 아니기 때문에 오직 아이를 사랑하고 이해하는 부모만이 도와줄 수 있다. 다만 세 가지 사항만 주의하면서 실천하면 된다.

1. 아이가 자신의 일상에서 마주치는 감정을 솔직하게 글로 쓰게 하자. 좋은 글은 자신의 감정을 정확하게 표현한 글이다. 생각나는 대로 그대로 쓰게 하자. 그게 아이의 미래를 위해서도 좋다.

2. 다른 아이가 쓴 글과 비교하지 말자. 비교하는 순간 아이는 연필을 놓고 이런 생각을 시작한다. "어떻게 하면 저 아이보다 더 잘 쓸 수 있을까?" 아이는 스스로 이해하지 못하는 단어와 어른들에게 들었던 표현을 사용하게 된다. 늘 기억하자. 남들보다 잘 쓰려고 노력할 때 깊은 생각을 할 것 같지만, 아이들은 솔직하게 쓸 때 가장 깊이 생각한다.

3. 아이에게 자꾸 남의 지식을 주입하지 말자. 왜 자꾸만 아이 머리에 무언가를 넣으려고 하는가? 언제나 모든 아이는 특별하다는 사실을 기억하라.

지금까지 쓴 모든 글을 두 줄로 압축하면 이렇다. 이 글을 기억하며 아이에게 다가가면 실패하지 않을 것이다.

"아이는 타인의 말을 받아쓰기 위해서가 아니라,
자신이라는 시를 쓰기 위해 이 세상에 태어났다."

창조력을 기르는
생각의 기술

요즘에는 초등학생들을 대상으로 한 각종 과학 발명품 경진 대회가 많다. 전국의 학생을 대상으로 할 때도 있고 교내에서 작은 규모로 할 때도 있는데, 중요한 건 그걸 받아들이는 아이들의 마음이다. 부모가 옆에서 "너도 한번 신청해보는 게 어때?"라고 부추기면 아이들은 대번에 이렇게 응수한다.

"에이, 내가 어떻게 그런 걸 만들 수 있겠어?"

매일 "로봇과 비행기, 세상을 파괴할 핵미사일을 만들겠다!"라고 외치며 자기 방에서 뭔가를 열심히 만들던 아이들이 정작 그런 대회에 나가보라고 하면 자기 능력을 믿지 못하고 도전조차 하지 않는다. 자신감이 부족하기 때문일까? 아니다.

그럴 때는 무작정 "사람은 무엇이든 할 수 있어. 너도 할 수 있어!"

라고 수천 번 말해도 사실 별 소용이 없다. 사람은 무엇이든 실제로 성취한 경험이 있어야 그 순간의 경험을 믿고 도전하기 때문이다. 그래서 창조력 교육이 힘들다. 세상에는 창조력을 가진 사람도 많지 않고, 소수의 창조의 대가들은 자신에게 집중하는 삶을 살기 때문에 다른 사람을 교육하는 데 별 관심이 없기 때문이다.

그러면 부모가 아이의 창조력을 길러줄 수 있는 방법이 있을까? 나는 아이와 함께 의자 만들기를 해보는 것을 추천한다. 요즘에는 의자나 책상 등 쉽게 만들 수 있는 가구를 직접 제작하는 사람이 늘고 있다. 인터넷 쇼핑몰을 찾아보면 정말 간편하게 의자를 만들 수 있는 재료를 파는 곳이 있다. 거기에서 아이가 앉을 수 있는 작은 의자 재료를 하나 주문하자.

1. 아이와 함께 포장을 뜯어라

무엇이든 아이와 함께한다는 게 중요하다. 먼저 포장지를 뜯지 말고, 아이가 학교에서 돌아오기를 기다렸다가 함께 개봉하는 게 좋다. 어떤 상황에서든 '함께하고 있다'는 느낌이 들게 하라.

2. 부모의 주도로 의자를 조립하라

아이와 처음부터 끝까지 함께 의자를 조립하면 좋겠지만, 10세 이하의 아이라면 부모가 주도하는 게 좋다. 진행이 너무 늘어지면 마음도 늘어지기 때문이다. 다만, 아이에게 설명서를 읽게 하거나 조립 도구를 만지고 사용하게 하면서 함께 만들고 있다는 느낌이 들게 하라.

3. 다리를 연결할 못 하나를 감춰라

가장 중요한 부분이다. 이 과정을 위해 앞의 1, 2번 과정을 거쳤다고 해도 과언이 아닐 정도로 중요하다. 마지막 다리를 연결할 못을 아이가 눈치채지 못하게 숨긴 후에, "이거 어쩌지? 못이 하나 없네. 마지막 다리를 연결해야 하는데 말이야."라는 식으로 말하며 아이가 스스로 방법을 생각하게 하라.

4. 못을 대체할 수 있는 재료를 구하라

아이가 쉽게 방법을 찾지 못하면, 이런 질문으로 행동과 생각의 범위를 조금씩 좁혀주면 좋다.

"못처럼 얇고 긴 게 있으면 좋을 것 같은데, 그게 뭘까?"

"가벼운 네가 앉을 거니까 좀 약해도 될 것 같은데, 뭘 쓰면 좋을까?"

아이가 그래도 방법을 찾지 못하면, '나무'라는 힌트를 줘라. 그리고 '나무젓가락'을 떠올릴 때까지 질문을 멈추지 말라.

'창조'를 친구처럼
생각하게 하라

아이가 나무젓가락이라는 물체를 떠올렸다면, 이제 본격적인 창조 교육을 시작할 수 있다. 그걸 못이 들어가는 구멍에 맞을 때까지 사포로 다듬는 작업을 하라. 이때는 아이와 부모가 번갈아 가며 하는 게 좋다. 한 사람만 작업하면 힘들기도 하고, 함께 뭔가를 만든다는 소중한 경험을 가질 수 있기 때문이다. 젓가락을 다듬어서 구멍에 끼운 후에는 아이가 '창조'라는 거대한 산을 친구처럼 친근하게 여길 수 있도록 이런 대화를 시도해보라.

"같이 의자를 만들어보니까 어떠니? 난 정말 재미있었는데. 게다가 못이 없었는데, 네가 새로운 방법을 찾아내서 멋지게 해결했잖아."

만약 아이가, "나무젓가락을 못처럼 만드는 게 좀 힘들었어요."라고 응수하면 이렇게 답해주면 된다. 그리고 답한 그 말을 함께 필사하자.

"물론 시간이 좀 오래 걸렸지. 그런데 그게 바로 '창조'란다.

창조는 친구와 같아. 새로운 학년으로 올라가면

새롭게 친구를 사귀는 데 시간이 오래 걸리잖아.

창조라는 친구도 시간을 투자하면 얼마든지 친해질 수 있단다.

네가 상상하는 것들을 모두 만들 수 있어.

다만 네가 아직 그것들과 충분히 친해지지 않아서 어렵게 느껴질 뿐이야."

창조하는 힘은
노력에서 나온다

많은 아이가 세상에 존재하는 창조적인 물건을 보며 "나도 이거 요즘 생각한 적이 있었는데."라고 말하며 자신이 먼저 발명하지 못한 것을 아쉬워한다. 그럴 때는 반드시 아이디어가 전부가 아니며 999단계의 노력이 필요하다는 사실을 일려줘야 한다. 그래서 가끔은 끈질기게 물고 늘어질 필요가 있다.

독서도 노력이고, 영감을 발견하고 무언가를 창조하는 힘도 노력에서 나온다. 단순히 아이디어가 좋은 건 그다지 쓸모가 없다. 그 아이디어를 현실화하기 위해서는 나머지 999단계를 거쳐야 하기 때문이다. 다음 글을 아이와 함께 읽으며 앞서 필사한 내용을 되새기는 시간을 보내보자.

"아이디어는 창조로 가는 1000단계 중 한 단계에 불과하다. 혁신적인 제품이 나오면, "나도 저거 생각한 적이 있어. 아깝다. 내 아이디어인데."라고 말하는 사람이 있다. 그런데 앞서 말한 것처럼 아이디어는 창조로 가는 1000단계 중 한 단계에 불과하다."

우리에게 부족한 건 아이디어가 아니라, 아이디어를 현실화하는 데 필요한 최소한의 노력일 경우가 많다.

아이디어가 전부인 것처럼 생각하는 사람들은 대개 기획 단계의 일을 끝까지 완벽하게 처리한 적이 없다는 공통점이 있다. 창조는 대단한 것이 아니라, 생각한 것을 끝까지 포기하지 않고 현실에서 구현하기 위해 노력한 결과라는 것을 아이가 깨달을 수 있다면, 아이가 조금은 편안하고 쉽게 창조라는 단어를 품을 수 있을 것이다.

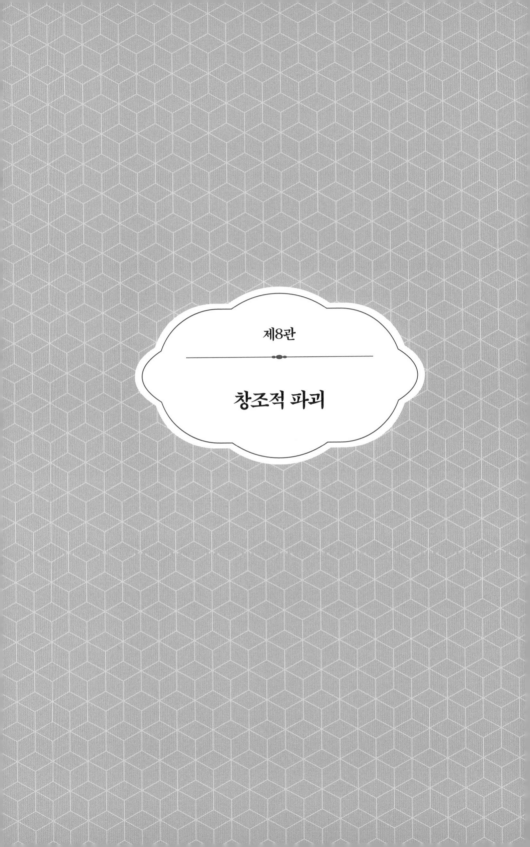

제8관

창조적 파괴

하나에서 열을 발견하는
창조적 파괴의 시작

파리의 루브르 박물관 앞에 서면 유리 피라미드 형태의 독특한 구조물을 보며 한 번 놀라고, 무려 5세기 동안 세계 곳곳에서 수집한 회화, 조각 등 30만 점가량의 예술품을 보며 그 규모에 더 크게 놀라게 된다. 유리 피라미드 아래로 들어가면 지하에 거대한 세계가 펼쳐진다. 전시관은 리슐리외관, 드농관, 쉴리관으로 나뉜다. 각각의 전시관은 1층에서 3층까지로 이뤄져 있고, 지역과 시대에 따라 세밀하게 구분되어 있다.

하지만 여기에서 그저 예술품만 관람하는 것은 조금 아쉬운 일이다. 예술 작품을 창조했던 사람들의 대상을 바라보는 안목과 깊이가 루브르 박물관 건물 자체에 녹아 있기 때문이다. 박물관에서 하나에서 열을 발견해낼 수 있는 창조적 시각을 먼저 알려준 후에 관람을 시작하면 아이는 자신만의 창조력을 발휘해 주변을 둘러보게 될 것이다. 그 질문의 시작은 이것이다.

"여기 루브르 박물관 첫 느낌이 어때?"

루브르 박물관의 역사는 매우 독특하다. 놀랍게도 처음에는 박물관으로 사용하기 위해 만든 건물이 아니었다. 아래 사실을 아이와 함께 공유하며 이야기를 나눠보자.

· 12세기 말, 작은 마을에 불과했던 파리는 필리프 2세의 치하에서 빠르게 발전했고, 프랑스의 수도로 자리를 잡기 시작했다. 도시의 생존을 걱정하던 필리프 2세는 십자군 원정을 떠나기 전, 파리를 보호하기 위하여 센 강변을 따라 거대한 요새를 세웠는데 그게 바로 지금 우리가 아는 루브르 박물관의 형태다.

· 14세기 이후, 샤를 5세는 요새였던 루브르를 왕실의 거처로 개조해서 자신의 책과 장식품을 진열하는 공간으로 활용했다.

· 16세기 이후, 프랑수아 1세는 피에르 레스코라는 건축가를 불러 루브르의 내내적인 공사를 지휘했다. 이때 루브르는 생존을 위한 요새에서 벗어나 권위를 뽐내는 왕궁으로서의 모습을 갖추게 되었다.

· 이후 왕들은 루브르를 자신의 목적에 맞게 변형해서 사용했다. 때로는 권위를 보여주려는 목적으로 활용했고, 때로는 외부에 보여주기 위한 용도로 활용했다.

· 획기적인 변화가 마침내 이루어졌다. 구체제의 붕괴와 동시에 새로

운 국가에 대한 열망에 휩싸인 프랑스 시민들이 "예술 작품은 우리 모두를 위한 것이어야 한다."라고 외치며 일어선 것이다. 이에 당시 프랑스 사회의 안정을 중요하게 생각하던 나폴레옹은 이런 지시를 내렸다.

"무엇이든지 큰 것이 아름답다Tout ce qui est grand est beau. 루브르를 세상에서 가장 크고 아름다운 박물관으로 만들어라."

대가는 자신을
아이처럼 키운다

그렇게 1793년 8월 10일, 루브르는 나폴레옹의 강력한 의지로 마침내 아름다운 모습을 갖추게 되었고, 지금처럼 대중에게도 공개하게 되었다. 하나에서 열을 발견한다는 것은, 이렇게 하나의 사물 속에 들어가면 밖에서는 볼 수 없는 열 가지 사연이 녹아 있다는 사실을 짐작할 수 있다는 말과 같다. 루브르 박물관의 위치와 독특한 모양, 지하로 넓게 펼쳐진 형태에 의문을 제기하며 한눈에 풍경을 그릴 수 있다면, "이것은 왜 이런 모양을 하고 있나?", "센강 옆에 있는 이유는 뭘까?", "지하 박물관에서 본 당시 일상의 흔적은 무엇을 의미하나?"라는 질문을 통해 굳이 역사에 대해서 듣지 않아도, 과거에 요새로 사용했을 가능성이 높고, 나라가 안정되면서 왕의 권위를 높이기 위해 증축되고 나중에는 민주화가 되면서 지금처럼 대중에게 공개하는 박물관이 되었을 거라는 흐름을 짐작할 수 있게 된다. 어려운 일이 아니다.

누구나 자기 분야에서 정진하며 세월을 보내면, 그 일의 눈으로 세상을 꿰뚫어볼 수 있는 안목이 생긴다. 우리는 그를 대가라고 부른다. 그것은 다빈치처럼 사람일 수도 있고, 루브르 박물관처럼 건물일 수도 있다. 하나는 결코 하나가 아니라는 사실을 기억하며 대가의 말과 삶을 관찰하면, 그가 마치 아이를 키우듯 자신을 키운 것을 발견할 수 있다. 창조는 그 과정을 조망하는 일에서 시작한다.

아래 글을 필사하며 어떻게 하면 창조적 시각과 지능을 가질 수 있는지 아이가 스스로 깨닫게 하자.

"오래도록 남은 작품은 모두 대가입니다.

나는 언제나 대가의 머리를 활용합니다.

내 머리를 최대한 활용할 뿐 아니라,

다른 사람의 머리도 최대한 많이 빌려야

배울 수 있고 앞으로 나갈 수 있으니까요."

차원이 다른 사람들의
3가지 비결

세상에는 분명 차원이 다른 공간에 사는 사람이 있다. 내가 말하는 차원이라는 것은 물질과 환경이 아니다. '공간'이라고 언급했듯 그것은 억지로 만든 환경이나 재산 따위가 아닌 '마음이 머무는 자리'라고 말할 수 있다. 차원이 높은 일상을 살아가는 사람에게는 반드시 마음이 머무는 자리가 있고, 그들은 그 자리에서 스스로 배울 수 있는 것을 마치 열매를 따듯 수확해서 세상에 내보낸다. 그들만 머무는 자리에서 나온 것이라 경쟁도 없고 가치도 스스로 정할 수 있다. 게다가 세상이 어떻게 변하든 끝도 없이 생산할 수 있어서 내일을 걱정하지 않고 오직 자신에게 주어진 일상에만 집중하며 살아갈 수 있다. 그 평온함이 그들 일상에 다시 힘을 준다.

그래서 나는 그런 차원에 살았던 사람들이 있었던 유럽을 여행했고, 그들이 만든 문화와 예술 속에서 크게 세 가지를 발견해 연구했다. 하나는 그들이 생각하는 방식이고, 또 하나는 어떤 성향과 기질이 있었느냐의 문제이고, 마지막 하나는 우리는 무엇으로 그 차원에 도달할 수 있는가에 대한 문제였다. 결국 사람은 주변에 있는 사람에 의해 조금씩 변해간다. 그래서 우리는 가장 위대한 정신을 가진 사람에게 배워야 한다. 가장 훌륭한 자극을 받고 가장 근사한 정신을 내 것으로 만들어야 자신만이 머무는 자리에서 차원이 다른 일상을 보낼 수 있다.

지속적인 변화를 거듭하는
아이의 자연 사용법

잡초는 어디든 뿌리를 내려 순식간에 정원을 장악하지만, 반대로 잔디가 정원을 장악하면 잡초는 쉽게 뿌리를 내리지 못한다.

"왜 잡초와 공존할 생각은 하지 않느냐?"

누군가는 이렇게 물을 수도 있다. 하지만 정원에 나타난 작은 잡초 하나가 빠르게 정원을 장악하는 과정을 지켜본 사람은 안다. 중간은 없으며, 선택은 둘 중 하나다.

"잡초가 장악하게 둘 것인가? 잔디로 가득 채울 것인가?"

꽃밭도 마찬가지다. 꽃이 정원을 온전히 장악하면, 잡초는 어디에서도 뿌리내리지 못한다. 그러나 꽃이 정원을 장악하려면, 치열한 일상의 노력과 사랑이 필요하다. 그 시간이 참 힘들고 어렵다.

삶도 마찬가지다. 불안과 초조와 두려움은 삶의 잡초와 같은 감정들이다. 지금 당신이 그 잡초들로 인해 고통받고 있다면, 당신의 모든 것인 일상을 장악하라. 그 무엇도 당신을 흔들지 못하게 자신의 순간순간을 꽉 잡고 놓지 말라.

언제나 모든 답은 삶에 있다. 삶 여기저기에 뿌리내린 온갖 잡초를 걱정하지 말고, 아름다운 꽃으로 채우지 못한 현실을 걱정하라. 그리고 그대에게 주어진, 이 순간의 모든 빛을 사랑하라.

내가 이 글을 쓸 수 있었던 것은, 실제로 잔디를 깔고 잔디와 잡초의 관계를 지켜봤던 시간에서 깨달음을 얻었기 때문이다. 정원을 장악하던 잡초가 사라지기 시작한 것은, 매일 정원을 관리하며 새로 심은 잔디가 잘 자랄 수 있게 온 신경을 쏟은 이후의 일이다. 나는 잔디와 잡초 사이에서 하나의 지혜를 얻었고, 그것을 바로 우리 인생에 접목했다. 자연을 제대로 관찰하는 사람은 안다. 자연에는 그 나름의 규칙이 있으며, 그 규칙을 차분하게 관찰하면 변화의 흐름 속에서 깨닫게 되는 것이 있다.

그 힘은 어디에서 오는 걸까?

모든 창조는 다르게 바라보는 데서 시작한다. 다르게 바라볼 수 있으려면 사고방식 전체를 모조리 바꾸어야 한다. 영혼의 엄청난 도약이 필요하다고 할 수 있다. 뛰어난 자연과학자로 활동하기도 했던 괴테는 그런 상태를 이렇게 표현했다.

"수영할 때 물에 대한 두려움을 극복하려면 곧장 물속으로 뛰어들어서 그 자연의 원소를 자신의 것으로 만들어야 한다."

내가 잔디와 잡초 사이에 뛰어들어서 깨달은 것을 글로 쓴 것처럼,

무언가를 제대로 알기 위해서는 자연에게서 배워야 한다는 말이다. 그런 다음에야 우리는 대상을 자기 것으로 만들어 표현할 수 있게 된다. 또한, 그런 사람만이 밑천을 드러내지 않고 영원히 신선한 감각을 유지할 수 있다. 눈에 보이는 모든 것과 손에 잡히는 것들, 그리고 느껴지는 모든 것 안에 속한 자연의 원소를 자신의 것으로 만든 후에야, 그것을 자기만의 언어로 세상에 다시 내보낼 수 있기 때문이다.

사람이 되어야
보이는 것들

사람이 되는 것과 예술적으로 자연을 활용하는 것, 그리고 성장하는 창조자가 되는 게 과연 어떤 연관이 있는 걸까? 그걸 이해하려면 먼저 이 질문에 답해야 한다. 왜 많은 사람이 "무슨 일을 시작하든지 먼저 사람이 돼라."라고 말할까? 사람이 되어야 보이는 것들이 있기 때문이다. 자신을 스치는 작은 것에도 감동하고, 누군가를 사랑하며, 소중한 사람들의 행복을 소망하는 삶을 살 수 있어야 그 모든 것을 자기 안에 담을 수 있고 자신의 언어로 바꿔서 다시 세상에 내보낼 수 있다. 괴테가 언급한 자연의 원소를 자기 안에서 충분히 느끼는 과정이 이를 통해 이루어지는 것이다.

결국 모든 예술은 자연을 모방한 것이다. 위대한 조각가 로댕도 괴테의 의견에 동의하며 이렇게 말했다. 그가 남긴 말에 나의 의견을 덧붙여 이렇게 표현했으니 차분하게 필사해보자.

"인간에게 중요한 것은 자연에 감동하고,

그 변화의 흐름을 소중한 마음으로 사랑하고,

자연에게서 배우기를 간절히 소망하며,

늘 경탄하는 자세로 사는 것입니다.

그리고 이 모든 것을 가능하게 하려면,

예술가가 되기 전에 사람이 되어야 합니다."

3번 이상 성공해야
자연을 활용할 줄 아는 사람이 된다

예술도 결국에는 상업의 굴레에서 벗어나기 힘들다. 무언가를 만들어 세상에 꺼냈다는 것은 상업적인 욕구가 내면에 있음을 증명하는 것이기 때문이다. 만약 그런 욕망이 없었다면 작품을 혼자만 보고 즐기며 끝냈을 것이다. 세상의 모든 분야에는 하나만 성공시키고 사라진 사람이 참 많다. 가수, 작가, 기획자, 마케터, 건축가 등 직업과 분야를 가리지 않고 나타나는 현상이다. 그리고 모든 분야에서 공통적으로 나타나는 현상이 하나 있는데, 첫 성공이 마지막 성공이 될 가능성이 높다는 사실이다. 이유가 뭘까? 자연에서 배우지 못해 스스로 자신을 변혁하지 못하기 때문이다. 그래서 나는 한 번의 성공으로 그 사람의 가능성을 결정하지 않는다. 최소한 세 번 이상 모든 부분이 점점 나아지는 과정과 결과를 보여줘야, "이 사람은 자연을 활용할 줄 아는 사람이

구나."라고 말할 수 있기 때문이다. 누구나 자신의 모든 것을 다 바치면 인생에 한 번은 세상을 빛나게 할 수 있다. 그러나 자기 안에 존재하는 재료로 만들 수 있는 빛은 딱 한 번만 빛날 뿐이다. 이것은 누구에게나 공평한 원칙이다. 두 번째부터는 자연에서 재료를 찾아야 한다. 성장을 지속한다는 것, 주변을 반복해서 놀라게 해줄 수 있다는 것이 바로 자연을 활용할 줄 아는 사람만이 가진 힘이다.

세상의 기준에서 벗어나야
나만의 기준을 세울 수 있다

2010년, 내게 가장 큰 사랑을 보여준 사람이 세상을 떠났다. 그의 이름은 바로 이태석 신부다. 그는 피난민들이 모여 사는 부산의 산동네에서 무려 10남매 중 아홉째로 태어났다. 당연히 사는 것 자체가 힘들었다. 늘 내일을 걱정하며 살아야 했다. 설상가상으로 그가 9살 때 아버지가 돌아가셨고, 어머니가 자갈치 시장에서 삯바느질을 해서 아이들을 키워야만 했다. 하지만 그는 어릴 때부터 환경의 지배를 받기보다는 스스로 희망을 생각하며 아름다운 내일을 꿈꿨다. 세상의 기준에 자신을 맡기지 않고 살았다. 그래서 아픈 사람을 돕는 신부가 되려고 했지만, 형이 먼저 신부가 되는 바람에 꿈을 접고 자신을 위해 평생을 고생하신 홀어머니를 위해 의사가 되었다. 그렇게 의대에 진학하고 졸업 후 의사가 될 줄 알았지만, 그는 어머니의 바람을 저버리고 신학 공부를 시작해 신부가 된다.

아프리카 남수단의 톤즈에 처음 도착한 그는 가난한 사람들을 돕기 위해 많은 구휼 계획을 세웠다. 그러나 그는 곧 깨닫게 되었다. 지금 그들에게 필요한 것은 돈과 음식이 아니라, 오래 곁에 남아 지켜주는 사람이라는 사실을. 그래서 그는 어떤 어려움이 와도 그들을 버리지 않고 끝까지 함께 있으리라고 다짐했다. 그러나 그가 톤즈에서 자신의 남은 삶을 살며 봉사하겠다고 말하자 사람들은 모두 이렇게 물었다. "한국에도 가난하고 어려운 사람이 많은데 왜 굳이 거기에서 봉사를 해야 하나?" 그러자 그는 톤즈가 가난한 곳 중에서도 가장 가난한 곳이라고 말하며, 마지막으로 이 말을 전했다.

"가장 보잘것없는 이에게 해준 것이,
곧 나에게 해준 것이다."

"내가 다 할 수 있잖아?"

이 질문을 통해 그는 기적을 창조했다. 모두가 포기하라고 말했던 그 가난한 땅에서 벽돌 하나하나 직접 만들이 톤즈 최초의 병원을 세우고, 아이들의 자립을 위해 12년 과정의 교육을 진행할 수 있는 학교까지 만들었다. 아이들을 가르칠 교사가 많지 않아 교육에 차질이 생기면 진료가 없을 때를 이용해 선생님 역할까지 했다. 그리고 아이들의 감정까지 소중하게 생각해서 남수단 최초의 근사한 35인조 밴드까지 만들어 직접 음악까지 가르쳤다. 발가락이 닳아 없어진 한센병 환자들을 위해 직접 신발을 만들어 선물했고, 그것을 자기 삶의 가장 큰 기쁨으로 여겼다.

그러나 사랑과 마음만으로 모든 것이 좋아지지는 않았다. 톤즈는 모든 것이 상상을 초월할 정도로 열악한 곳이었다. 전쟁으로 여기저기에서 총을 맞고 찾아오는 환자가 가득했고, 게다가 남수단에는 만약 누군가의 공격을 받으면 상대는 물론이고 그의 친척과 친구에게까지 해를 가해야 한다는 이해할 수 없는 문화가 있어서 이유 없이 총을 맞고 죽는 사람도 자주 생겼다. 처음에 그는 그런 상황을 이해할 수 없었지만, 이내 이해하려는 노력을 멈추고 그 시간에 자신을 찾아온 환자를 한 사람이라도 더 살리는 것이 우선이라고 생각했다.

뜨거운 목적이
다양한 재능을 발현하게 한다

톤즈에서 그는 다양한 직업으로 살았다. 처음에는 의사로 왔으나 곧 선생님, 건축가, 지휘자로 다양한 활동을 펼쳤다. 그 중심에 무엇이 있을까? 사람은 누구나 다재다능하다. 다만 그것을 꺼내지 못하는 사람과 꺼내는 사람이 있을 뿐이다. 꺼내는 사람에게는 그래야만 하는 뜨거운 목적이 있다. 그것은 바로 "내가 사랑하는 사람에게 그게 필요하다."라는 마음의 지시다. 그는 이 문장을 기억하며 평생을 뜨겁게 살았다.

"타인을 사랑하는 것에 그치지 말고,
사랑받도록 힘쓰라."

그는 톤즈의 사람들을 위해 헌신하는 데 열중한 나머지, 의사임에도 자신의 병이 깊어지는 것을 알아채지 못했다. 대장암 말기로 생명이 얼마 남지 않은 순간에도 그는 톤즈의 아이들을 걱정해서 그들을 세상에 알리고자 책을 썼고, 두 명의 아이들을 한국으로 인도해 의대에 입학할 수 있게 도왔다. 그렇게 이태석 신부는 삶을 마감했고, 우는 것을 부끄럽게 생각해서 잘 울지 않는 톤즈의 사람들은 그가 세상을 떠나던 날, 아이 어른 가릴 것 없이 통곡했다. 그리고 2018년, 그가 한국 의대에 진학시킨 아이들은 이제 졸업해서 톤즈로 돌아가 아픈 친구들을 치료하는 의사로 살고 있다. 모두가 그의 사랑이 남긴 세상에서 가장 아름다운 모습이다.

그의 삶을 기록한 〈울지마 톤즈〉라는 영화에는 이런 구절이 나온다. 이태석 신부의 숭고한 마음을 느끼며 이 글을 필사해보자.

"가진 것 하나를 열로 나누면
우리가 가진 것이 10분의 1로 줄어드는
속세의 수학과는 달리,
가진 것 하나를 열로 나누었기에
그것이 천이나 만으로 부푼다는 하늘나라의 참된 수학.
끊임없는 나눔만이 행복의 원칙이 될 수 있다는
행복의 정석을 그들과의 만남을 통해서 배우게 됩니다."

세상의 기준에서
벗어나라

그는 언제나 이 말을 기억하며 이 말 그대로 살았다.

"나는 당신을 만나기 전부터 당신을 사랑했습니다."

나는 이 말보다 더 사랑을 아름답게 표현한 글을 본 적이 없다. 외모와 환경을 보며 사랑을 결정하는 것이 아니라 모든 존재를 사랑할 마음의 여유를 갖고 사는 것만큼 귀한 일이 또 어디에 있을까? 우리는 누구나 그의 말처럼 살 수 있다. 조금 더 사랑하고, 조금 더 나누고, 조금 더 다가서자. 모두가 세상의 기준에서 벗어나야 한다고 말한다. 그러나 실제로 그렇게 아이를 키우는 것은 쉬운 일이 아니다. 타인의 이목, 미래에 대한 두려움이 언제나 부모의 마음을 불편하게 하기 때문이다. 그러나 아무리 힘들어도 그가 죽기 전 슬픔에 잠긴 톤즈의 친구들에게 마지막으로 남긴 말을 기억하며 희망을 품고 살자.

"걱정하지 마, 모든 것이 잘되고 있으니까!

여전히 모든 일에 서툴고

아직은 부모의 손길이 필요하지만,

지금 그대의 아이도 충분히 잘 자라고 있다.

어떻게 그걸 장담할 수 있냐고?

그 이유는 아주 간단하지.

당신은 아이를 만나기 전부터 아이를 사랑한 사람이니까.

당신은 당신이 아니면 할 수 없는 일을 하고 있는 거야."

게임 중독에서 벗어나 게임을 창조하는 아이가 되는 법

아이들은 왜 게임에 중독되는 걸까?

그 중독에서 어떻게 하면 구출할 수 있을까?

먼저 이 사실을 분명히 알아야 한다. 아이는 결코 빠른 속도로 중독에 빠지지 않는다. 아주 천천히 조금씩 부모에게서 멀어져, 결국에는 게임이라는 섬에 들어가 살게 된다. 다양한 이유가 있겠지만, 그것을 가정에서 찾는다면 분명한 하나의 이유가 있다. 아이는 새로운 것을 발견하기를 좋아한다. 그리고 그걸 부모에게 말할 때 더 큰 행복을 느낀다. 그러나 자신이 발견한 것을 그때그때 부모에게 말할 수 없거나 부모가 차분하게 경청하지 않을 때, 아이는 조금씩 부모에게서 멀어져 게임의 섬으로 떠난다.

그러나 우리는 다시 착각한다. "조금만 시간을 내서 돌보면 게임 중독에서 벗어날 수 있겠지?" 커다란 착각이다. 게임에 아주 천천히 중독된 것처럼, 거기에서 나올 때도 아주 천천히 벗어나게 된다. 중독될 때보다 벗어나는 시간이 몇 배 더 오래 걸릴 수도 있다.

아이가 당신 앞에 서서 자신의 이야기를 들려주며 행복하게 웃었던 때를 기억해보라. 이런저런 이유로 바빠서 외면하고 건성건성 듣고 보내버린 그 시간과, 그때마다 고개 숙이며 돌아선 아이의 마음을 생각해보라. 다시 돌아간다고 생각하라. 아주 간절한 마음으로 다시 돌아가자.

그때 아이가 당신을 만나기 위해 자주 찾아온 것처럼, 이번에는 그대가 아이를 찾아가라. 아이가 100번 찾아왔다면 그대는 1,000번 이상 찾아가라. 부모가 아이를 자주 바라보고, 아이 영혼의 집에 자주 찾아간다면, 오히려 게임에 중독되는 것이 불가능한 일이다. 그 불가능한 일을 해냈으니 더욱 절실한 마음으로 아이의 영혼에 찾아가라. 구체적인 방법은 없다. 대화법이나 심리적인 기법도 사실 필요하지 않다. 자주 찾아가, 자주 사랑을 전하자. 아이가 그 온기에 놀라 그대의 존재를 발견할 때, 비로소 아이는 중독의 나락에서 벗어나 그대 품에 안길 것이다. 처음 예쁘게 웃으며 그대를 찾았던 그날처럼, 다시 돌아갈 것이다.

"사랑하는 사람은 유혹에 빠지거나 중독되는 일이 없다."

시대를 뛰어넘는 혁신의 아이콘, 애플의 창업자 스티브 잡스의 핵심 역량은 어디에서 찾을 수 있을까? 그는 매킨토시 컴퓨터를 출시하기 위해 무려 3년이 넘는 시간을 투자했는데, 출시가 늦춰진 이유에 그의 역량이 모두 녹아 있다. 모든 개발 과정이 잘 진행되고 있었지만, 그의 눈에는 여전히 사소하면서도 커다란 문제점이 보였기 때문이다.

· 보이지 않는 내부의 회로 배선 디자인까지 꼼꼼하게 신경을 쓰는 그에게 일부 기술자가 그에게 반기를 들었다가 엄청나게 혼났다.
· 열기를 식히는 내부 팬이 너무 무겁다는 이유로 제거했고, 기판 디자인이 세련되지 않다는 이유로 다시 설계하라고 지시했다.

그는 애플이 경쟁을 허락하지 않을 정도로 승승장구하고 있을 때도 노트북도 아닌 노트북 케이스에 얼마나 많은 나사못이 들어가는지까지 세심하게 관심을 기울였다. 그는 그 이유에 대해 한 인터뷰에서 이렇게 말했다.

"우리가 할 수 있는 한 최고의 제품을 만들고 싶습니다. 목수가 아름다운 서랍장을 만들 때 '아무도 보지 못할 테니 벽 쪽을 향하는 서랍장 뒷면은 합판을 사용하자!'라고 하지는 않을 것입니다. 제대로 된 서랍장을 만들기 위해서는 뒷면도 아름다운 나무를 사용해야 한다는 것을 당신도 잘 알고 있습니다. 발을 뻗고 자기 위해서, 우리는 미학적인 면으로나 품질 면에서 제품 전체가 완벽성을 갖출 수 있도록 끝까지 노력해야 합니다."

가치는 눈에 띄지 않는 곳에서 결정된다

결국 애플 특유의 감성은 보이지 않는 곳까지 챙기는 디테일의 예술을 펼쳤던 스티브 잡스가 창조한 것이다. 그는 아버지에게서 이런 성향을 전수받았다. 그의 아버지는 늘 그에게 이렇게 말하며 디테일의 가치와 중요성을 강조했다.

"캐비닛이나 울타리를 만들 때에는 잘 보이지 않는 뒤쪽까지 신경을 써야 한다. 뒤쪽을 어떻게 마무리했느냐에 따라 제품 품질이 차이가 나기 때문이다."

물건의 가치는 보이지 않는 곳에서 결정된다는 사실을 잡스는 어릴 때부터 아버지의 교육으로 알게 되었다. 세상을 깜짝 놀라게 한 제품이나 아이디어를 창조한 사람들을 곁에서 지켜보면, 그들은 마치 거대한 나무를 깎아 이쑤시개를 만드는 사람처럼 보인다. 그 거대하고 뭉툭한 것이 이쑤시개처럼 작고 날렵하게 변할 때마다, 세상은 감탄사를 내뱉으며 요동쳤다. 아래 글을 필사하게 하면 아이는 창조와 가치라는 개념을 제대로 이해할 수 있을 것이다.

"우리는 너무 많이 보고, 너무 적게 생각합니다.

반대로 하면 하나를 더 깊게 생각할 수 있죠.

적게 본다는 것은 게으른 것이 아니라,

하나에 몰입하고 있다는 증거이기 때문입니다.

일상의 평범한 것들이 모여 인생의 특별한 것이 됩니다.

인생의 절정은 평범한 일상을 반복하며 도달할 수 있죠.

지금 내가 보내고 있는 일상이,

나를 아주 특별하게 해줄 최고의 선물입니다."

부모가 스마트폰을 끄면
가르칠 수 있는 것들

나는 하루에 한 시간 정도 스마트폰 전원을 끈다. 스마트폰을 만지지 않으려는 게 아니라, 스마트폰도 좀 쉴 시간을 가져야 한다고 생각하기 때문이다. 하루 24시간 쉬지 못하고 늘 대기 상태로 있는 스마트폰을 보면, 전쟁 중에 교대할 사람이 없어 24시간 보초를 서는 군인이 떠오른다. 얼마나 괴롭고, 쉬고 싶을까? 그게 내가 생각하는 사색의 기본이다. 생명이 있는 것을 보며 '사랑', '기쁨', '슬픔' 등의 감정을 느끼는 것은 인간이라면 누구나 할 수 있는 일이다. 하지만 생명이 없는 물체를 보며 감정을 느끼는 건 쉽지 않다. 나의 일이 아니라고 생각하기 때문이다.

그러므로 아이에게 스마트폰을 끄라고 명령만 하지 말고, 부모 스스로 매일 정기적으로 스마트폰 전원을 끄며 생명 없는 물체도 아끼는 마음의 모범을 보여주는 게 좋다. 물론 목적은 아이에게 스마트폰을 쓰지 말라고 강요하는 게 아니라, 스마트폰을 쉬게 해주는 것이어야 한다. 스마트폰을 쓰지 않게 하려는 목적으로 전원을 끄게 하면 아이는 강제성을 느끼게 된다. 억압당했다고 생각해서 언젠가 그 분노를 일상에서 표출할 것이다. 하지만 고생하는 스마트폰을 위해서라고 말하면 상황은 달라진다. 내가 누군가를 쉬게 해줬다는 생각도 들 것이고, 너무 무리해서 무언가를 이용하는 것은 그 사람에게 부담을 주는 거라는 사실도 알게 될 것이다.

아이의 시선으로 다가가야
아이가 보인다

"아이처럼 생각하고, 아이처럼 창조하라."

사실 이런 식의 이야기는 누구나 할 수 있다. 그러나 진실로 그렇게 사는 것이 무엇인지 제대로 아는 사람은 많지 않다. 이를테면 아이처럼 생각하고 창조하려는 사람은 많지만, 정말로 아이처럼 살아가려는 사람은 없다. 아이가 특유의 시선으로 무언가를 새롭게 바라볼 수 있는 것은, 아이의 일상을 살고 있기 때문에 가능한 일이다. 그런데 보통 어른들은 좋은 것만 취하려고 하지 그렇게 살지는 않는다. 쉽게 말해서 어른의 권리는 포기하지 않고, 아이의 장점만 가지려고 한다.

내게는 매우 자연스러운 삶의 태도가 하나 있다. "아이는 어른의 지시에 꼭 따라야 하고, 연장자는 자신보다 어린 주변 사람들에게 각종 편의를 제공받아야 한다."라는 암묵적 합의가 내게는 없다. 나는 나보다 어린 사람에게도 각종 편의를 제공하고 아이에게도 같은 방식으로 다가간다. 그건 내게 매우 자연스러운 일이다. 기본 예절에서 벗어나지 않는 이상, 연장자에게 필요 이상으로 억지로 끌려가듯 따라가거나 편의를 제공하지 않는다. 사회에서 정한 그런 규칙에 아예 관심을 두지 않는다.

"어떻게 하면 아이의 시선을 잃지 않을 수 있나?"

하루는 그의 재능에 대해 묻는 사람에게 피카소는 이렇게 말했다.

"라파엘로처럼 그리기 위해서 4년이라는 시간이 걸렸지만, 아이처럼 그리기 위해서 평생이라는 시간을 바쳐야만 했다."

그의 말처럼 모든 아이는 예술가다. 하지만 중요한 것은 성장하면서도 여전히 예술가로 남아 있을 수 있느냐의 문제다. 방법은 쉽다. 세상이 정한 생물학적인 나이만 추가하고, 여전히 아이의 시선으로 세상을 바라보며 생각하면 된다. 이를 실천하기 위해 피카소는 어릴 때부터 이런 방법을 사용했다.

"하나의 사물을 1년 내내 그리기."

실제로 그는 비둘기 다리만 일 년 동안 그린 적이 있었는데, 그런 그를 주변 사람들은 매우 이상하게 생각했다.

"세상에 그릴 대상이 이렇게 많은데, 굳이 비둘기 다리에 그 많은 시간을 투자할 필요가 있을까?"

하지만 어린 피카소는 그렇게 1년을 보낸 덕분에 한 사물을 수십 가지로 그릴 수 있게 되었다. 여기에는 정말 많은 비밀이 숨겨져 있다.

어른은 성장하고 지식을 쌓으며 모든 문제에 대해 단 하나의 정답만 머리에 담게 된다. 그러나 그것이 오히려 아이의 시선을 잃게 만든다. 아이의 시선은 모든 가능성을 허락한다. 하나의 사물에 담긴 수백 가지의 가능성과 생명을 느낄 수 있다면, 우리는 피카소가 그랬듯이 평생 아이의 시선을 내면에 담을 수 있다.

아이처럼 바라보고
생각하는 일

아이들은 처음 만나는 누구와도 쉽게 친구가 된다. 그리고 매우 빠르게 서로에게 소중한 관계가 되어 떨어지기 싫어한다. 모든 인류를 동일한 선에서 바라보기 때문에 가능하다. "저 사람이 내게 어떤 이익을 줄까?", "내가 어떻게 해야 그걸 가져올 수 있을까?" 이런 마음은 결국 우리의 정신과 생각을 늙고 낡게 만든다. 온갖 아부, 도를 넘어선 격식도 마찬가지다. 아래 글을 부모와 아이가 함께 필사하며 아이처럼 바라보고 생각하는 것이 얼마나 귀한 일인지 생각하는 시간을 갖자.

"세상 모든 아이는 사람을 이익의 기준이 아닌

새로움의 기준으로 바라봅니다.

"그거 정말 신기하다.", "그거 어떻게 하는 거야?"

이런 시선으로 세상을 바라보는 것은 우리 삶에 큰 영향을 줍니다.

우리가 그렇게도 갈망하며 외치는 창조와

'아이의 시선으로 바라보고 생각하기'를 제대로 실천할 방법이

모두 여기에 있기 때문이죠."

아이의 시선으로 생각하면
아이의 재능이 보인다

이어령 박사가 하루는 내게 장난 삼아 이런 질문을 한 적이 있다.

"김 작가, 난 친구를 사귄 적이 없어서 잘 모르겠어. 친구 사귀는 법 좀 알려줄 수 있겠어?"

실제로 방법을 알려달라는 것이 아니라, 그의 삶과 태도를 보여주는 말이었다. 그는 정말 친구가 없다. 세상에서 정의한 의미에서 없다는 말이다. 세상은 나이가 같거나 비슷한 사람을 친구라고 정의하지만, 그는 서로 무언가를 배우고 가르칠 수 있는 관계를 친구라고 말한다. 내가 그런 것처럼 그는 아이와도 친구가 될 수 있고, 실제로 나와도 친구처럼 스스럼없이 만나 이야기를 나누며 마치 동네에서 꼬마 아이들이 놀이터에서 즐거운 시간을 보내듯 수많은 대화와 시간을 함께 나눴다.

나는 지난 10년 이상 '1년 1권 읽기'를 지속하고 있다. 덕분에 나는 한 줄에서 수십 가지의 이미지를 떠올릴 수 있게 되었다. 1권을 읽지만 100권이 주는 가치 이상을 내 안에 담은 것이다. 그것은 결코 어른의 지식이나 기술로 이루어지지 않았다. 아이의 시선으로 읽었기에 보이지 않는 것을 발견할 수 있었고, 그것들을 사색하며 글을 써서 지난 10년 동안 20권 넘는 책을 집필할 수 있었다. 말로만 아이의 시선으로 생각하는 것이 중요하다고 떠들지 않고, 실제로 아이들처럼 생각하는 것을 실천해야 한다. 어떤 사람은 "아이 교육에 대한 책에서 왜 부모가 아이처럼 생각해야 한다는 것을 알아야 하나?"라고 되물을 수도 있다. 내가 이렇게 말하는 이유가 뭘까? 우리는 왜 아이를 이해하지 못할까? 왜 아이의 재능을 쉽게 발견하지 못할까? 그렇다, 아이처럼 생각하며 다가가지 못해서 아이의 재능이 보이지 않는 것이다. 이제 내가 왜 이런 이야기를 하는지 이해할 수 있을 것이다.

　　"그대 안에 존재하는 어른을 버려라.
　　그래야 아이의 시선을 가질 수 있다."

받는 것까지가
사랑의 완성이다

부모라면 다들 공감하겠지만, 아이를 집에 두고 화장실에서 샤워를 하면 환청이 들린다. 자신을 다급하게 부르는 소리가 들리는 거다. 그래서 머리카락에 묻은 샴푸를 씻지도 못하고 급하게 문을 열고 나가면, 아이는 준비해놓은 음식을 해맑게 웃으며 먹고 앉아 있다. 그런데 그 웃지 못할 상황을 수백 번 겪으면서도 "내가 이게 뭐하는 짓인가?"라는 생각은 전혀 들지 않고 단 하나의 생각만 든다.

"아, 다행이다."

그렇게 아끼고 또 아끼며 키우는데도, 요즘 아이들이 예전보다 더 조급하고 성급하며, 각종 유혹에 쉽게 넘어가는 이유는 뭘까? 물론 예전이라고 그러지 않았던 것은 아니지만, 시간이 지날수록 더욱 아이들이 마치 내일 없는 사람처럼 오늘을 보내며 살고 있다. 현재가 중요하며 오늘을 즐기라는 말도 좋지만, 그게 향락과 소비에 빠지라는 뜻은 아닐 것이다. 얄팍한 재미만 찾아다니는 삶의 결론은 언제나 같다. 그걸 알면서도 자꾸만 그렇게 일상이 흐르는 이유는 사랑 때문이다.

"오늘 부모의 충만한 사랑을 받은 아이는,
내일을 생각하며 살게 된다."

내게는 글을 쓰며 사색을 즐기는 공간이 있다. 서울에서 멀진 않지만 산과 물과 상쾌한 공기가 가득한 곳이라, 시간이 날 때마다 가서 사색과 글쓰기를 한다. 아주 가끔, 내가 '사색 하우스'라고 부르는 이 공간이 궁금하다며 가보고 싶어 하는 가족을 초대해서 함께 시간을 보내곤 하는데, 그때마다 그들이 보이는 반응은 언제나 비슷하다.

처음에는 이런 공간을 가지고 있다는 것에 부러운 시선을 보낸다. 그리고 정원과 주변 자연을 잠시 산책하고 돌아와서는 이내 이런 말을 꺼낸다. "심심하네, 뭐 할 것 없나?" 그런데 부모들만 그런 반응을 보이는 것이 아니다. 뒤에 서 있는 아이들의 표정은 더욱 명확하게 "나, 지금 지루해서 죽겠어요."라는 마음을 보여준다.

고기를 구워야 하고, 간이 수영장을 만들어야 하고, 배드민턴도 쳐야 하고, 군고구마도 만들어야 하고, 그것도 지치면 영화도 봐야 한다. 그들은 꾸준히 외부에서 무언가를 해줘야만 그 공간과 시간을 겨우 견딘다. 중요한 사실은 부모와 아이가 같은 반응을 보인다는 사실이다. 아이들은 주로 혼자 남겨지면 지루해서 견디지 못한다.

"나, 너무 지루해."라는 말은 무엇을 의미할까? 크게 두 가지를 말한다. 하나는 혼자서 뭘 해야 할지 모르겠다는 것이고, 나머지 하나는 그러니까 누가 날 좀 즐겁게 해달라는 것이다. 결국 아이가 혼자서 자신의 시간을 보내지 못하는 이유 역시 근본적으로는 부모에게 있다. 부모가 혼자서 자신의 시간을 즐겁게 보내는 모습을 보여줄 때 아이도 비로소 혼자의 시간을 값지게 보낼 수 있다. 중요한 것은 그 힘이 바로 독서로 이어진다는 사실이다.

나는 지금 무엇과도 비교할 수 없을 만큼 매우 중요한 사실을 전하고 있다. 아이들이 왜 책을 읽지 않을까? 독서는 혼자서 즐기는 최고의 지적 수단이다. 결국 혼자 남아서 그 공간을 즐길 자신과 내면의 힘이 없으면 아이는 책을 읽을 수 없다. 같은 자리에서 아무것도 하지 않고 오래 그 공간을 즐길 줄 아는 아이가 책도 즐겁게 읽을 수 있다. 독서는 자기 내면과의 만남이기 때문이다.

내면의 크기가 독서의 깊이를 결정한다. 그러므로 책을 제대로 읽는 아이로 키우려면 부모가 먼저 혼자 있는 시간을 값지게 보내는 모습을 보여주는 것이 좋다. 그게 꼭 독서일 필요는 없다. "엄마도 책을 읽을 테니까, 같이 책 읽자."라는 말은 사실 너무 억지스럽다. 권유가 아닌 강압으로 느낄 가능성이 높기 때문이다. 그저 부모가 혼자 있는 시간을 값지게 보내는 모습만 보여줘도 아이는 저절로 책을 손에 잡고 즐겁게 읽는다.

사랑이 충만할 때 아이는 오늘을 소비하는 마음을 벗고, 내일을 준비하는 마음으로 오늘을 산다. 오늘만 생각하며 시간을 소비하는 아이와 내일을 생각하며 오늘이라는 시간을 배우는 아이, 두 아이에게 내일은 어떤 모습일까?

사랑은 오직 부모에게만 존재하는 특권이다. 아이를 통제하고 규제하는 일은 누구나 할 수 있다. 아이를 비난하고 조롱하는 것도 누구나 할 수 있다. 그런 것들은 타인에게 맡기자. "어떻게 하면 통제할 수 있을까?"라는 생각은 접고, "어떻게 하면 내 사랑을 전할 수 있을까?"라는 생각을 펴자.

그리고 하나 더 정말 중요한 것이 있다. "나는 부모니까 아이에게 사랑만 주면 충분하지."라는 생각도 접자. 아이의 사랑도 받아야 한다는 생각이 중요하다. 그게 바로 충만한 사랑의 시작이다. 주는 데서 그치는 것이 아니라, 그 사랑에 감동한 아이가 부모에게 주는 따스한 사랑을 받을 수도 있어야 한다. "난 사랑을 많이 줬으니 이 정도면 됐어."라고 섣불리 장담하지 말자. 어쩌면 아이는 아직 사랑을 느끼지도 못했고 받지도 못했을 수 있다. 만약 부모의 사랑을 받았다면 반드시 부모에게 더 큰 사랑을 돌려줬을 것이다. 다른 관계에서의 사랑은 잘 모르겠지만, 부모와 아이 사이에서의 사랑은 반드시 주고받아야 한다. 받는 것까지가 사랑의 완성이다.

아이의 세계와 시각을 넓혀줄 예술 문장 100

아이를 위한 하루 한 줄 인문학
유럽 문화예술 편

1판 1쇄 발행 2020년 10월 7일
1판 4쇄 발행 2022년 8월 12일

지은이 김종원
펴낸이 고병욱

기획편집실장 윤현주 **기획편집** 이새봄 김지수
마케팅 이일권 김도연 김재욱 이애주 오정민
디자인 공희 진미나 백은주 **외서기획** 김혜은
제작 김기창 **관리** 주동은 **총무** 문준기 노재경 송민진

교정교열 김동석 **표지 일러스트** Littlewind

펴낸곳 청림출판(주)
등록 제1989-000026호

본사 06048 서울시 강남구 도산대로 38길 11 청림출판(주) (논현동 63)
제2사옥 10881 경기도 파주시 회동길 173 청림아트스페이스 (문발동 518-6)
전화 02-546-4341 **팩스** 02-546-8053
홈페이지 www.chungrim.com **이메일** life@chungrim.com
블로그 blog.naver.com/chungrimlife **페이스북** www.facebook.com/chungrimlife

ⓒ 김종원, 2020

ISBN 979-11-88700-69-1 (13590)

※ 이 도서의 국립중앙도서관 출판예정도서목록(CIP)은 서지정보유통지원시스템 홈페이지(http://
seoji.nl.go.kr)와 국가자료공동목록시스템(http://www.nl.go.kr/kolisnet)에서 이용하실 수 있습니
다.(CIP제어번호: CIP2020038109)